概率统计与数学模型

练习册

马祥玉◆主编

GAILÜ TONGJI
YU SHUXUE MOXING
LIANXICE

重庆大学出版社

内容提要

本书为《概率统计与数学模型》的配套练习册.内容包括概率论和数理统计两大部分，共7章.第1至4章对应教材的概率论部分，包括随机事件与概率、随机变量及其分布、多维随机变量及其分布、大数定律等.第5至7章对应教材的数理统计部分，包括样本及抽样分布、参数估计、假设检验等.每章包含知识点梳理、典型题型练习、能力提升、综合练习和考研试题精选5个部分.

本书可作为高等院校理工类、经管类专业概率论与数理统计课程的教辅资料.

图书在版编目（CIP）数据

概率统计与数学模型练习册 / 马祥玉主编. -- 重庆:
重庆大学出版社, 2022.7（2023.8重印）

ISBN 978-7-5689-3336-0

Ⅰ.①概… Ⅱ.①马… Ⅲ.①概率统计—高等学校—习题集②数学模型—高等学校—习题集 Ⅳ.①O211-44 ②O141.4-44

中国版本图书馆CIP数据核字（2022）第090203号

概率统计与数学模型练习册

马祥玉 主 编

责任编辑：谭 敏 版式设计：谭 敏

责任校对：夏 宇 责任印制：邱 瑶

*

重庆大学出版社出版发行

出版人：陈晓阳

社址：重庆市沙坪坝区大学城西路21号

邮编：401331

电话：（023）88617190 88617185（中小学）

传真：（023）88617186 88617166

网址：http://www.cqup.com.cn

邮箱：fxk@cqup.com.cn（营销中心）

全国新华书店经销

重庆市国丰印务有限责任公司印刷

*

开本：787mm × 1092mm 1/16 印张：8.75 字数：153千

2022年7月第1版 2023年8月第2次印刷

印数：2 701—6 000

ISBN 978-7-5689-3336-0 定价：28.00 元

前　言

概率统计与数学模型在大学课程中占有十分重要的地位．本书旨在帮助广大读者巩固课堂所学知识，掌握概率统计与数学模型知识的宏观脉络与基本解题方法，真正做到学以致用，并为考研打好扎实的概率统计与数学模型基础．

本书与《概率统计与数学模型》教材完全匹配，书中对每一章的知识点进行了梳理，典型题型练习选取了具有代表性的题目，能力提升的题目主要用以巩固读者所学知识、提升知识的运用能力，并给出了各章知识综合练习的题目和考研试题精选．全书每章按照以下 5 部分内容进行安排．

1. 知识点梳理

知识点梳理主要是对本章的重点内容进行概述，读者可以此为提纲全面复习理论知识．

2. 典型题型练习

典型题型练习的选题力求对知识点的涵盖，对基础理论、基本技能和常用方法的巩固，旨在夯实基础、掌握基本方法．

3. 能力提升

能力提升题有助于读者巩固所学知识，提高思维能力，培养综合运用知识的能力，并有助于拓展思维，激发读者的学习兴趣从而使其学习积极性和主动性都得到提高．

4. 综合练习

综合练习精选了能反映知识综合应用的一定数量题目，读者通过做综合练习，可进一步加强对知识点的巩固和拓展，从而提高读者分析问题、解决问题的综合应用知识能力 .

5. 考研试题精选

考研试题精选部分精选了历年来典型的考研试题，为读者考研备考等打好基础，起到指引作用 .

本书由马祥玉主编 . 第 1 章由陈爱敏编写，第 2 章由龚俊梅和伍冬梅编写，第 3 章由马祥玉和伍冬梅编写，第 4、5 章由李政文编写，第 6、7 章由康淑菊编写，全书由马祥玉负责统稿 .

由于编者水平有限，书中难免存在疏漏之处，恳请同行和读者批评指正 .

编　者

2022 年 5 月

目　录

第 1 章　随机事件与概率

第 2 章　随机变量及其分布

第 3 章　多维随机变量及其分布

第 4 章　大数定律

第5章 样本及抽样分布

第6章 参数估计

第7章 假设检验

参考文献

第 1 章　随机事件与概率

一、知识点梳理

1. 确定性现象

在一定条件下必然会发生的现象称为确定性现象.

2. 随机现象

事前不能预测其结果的现象称为随机现象.

3. 随机试验

具有以下 3 个特点的试验称为随机试验,简称试验.

(1)试验可以在相同条件下重复进行,即**可重复性**.

(2)试验的结果不唯一,但在试验前就知道所有可能出现的结果,即结果的**明确性**.

(3)在一次试验中,某种结果出现与否是不确定的,在试验之前不能准确地预测该次试验将会出现什么结果,即结果的**随机性**.

4. 样本点

将试验 E 的每一种可能结果称为**样本点**.

5. 样本空间

所有样本点组成的集合称为试验 E 的**样本空间**,记为 Ω.

6. 随机事件

在随机试验 E 中,样本空间 Ω 的子集称为 E 的随机事件,简称事件,常用 $A,B,C,\cdots$ 表示.

7. 事件的分类

1)基本事件

只包含一个样本点的子集称为基本事件.

2)复合事件

至少包含两个样本点的子集称为复合事件.

3)必然事件

必然事件是指包含所有样本点的子集,即整个样本空间.

4)不可能事件

不可能事件是指不包含任何样本点的子集,即$\varnothing$.

8. 事件的关系

1)事件的包含关系

如果事件A发生必然导致事件B发生,则称**事件B包含事件A,事件A是事件B的子事件**,记为$A \subset B$.

2)和事件

事件A与事件B中至少有一个发生的事件,称为**事件A与事件B的和事件**,记作$A \cup B$,即

$$A \cup B=\{A\text{发生或}B\text{发生}\}=\{A,B\text{中至少有一个发生}\}.$$

事件A,B的和事件是由A与B的样本点合并而成的事件.

3)积事件

事件A与事件B同时发生的事件,称为**事件A与事件B的积事件**,记作$A \cap B$或AB,即

$$A \cap B=\{A\text{发生且}B\text{发生}\}=\{A,B\text{同时发生}\}.$$

事件A,B的积事件是由事件A与事件B的公共样本点所构成的事件.

4)差事件

事件A发生而事件B不发生的事件,称为**事件A关于事件B的差事件**,记为$A-B$,表示事件A发生而事件B不发生,即$A-B=A\overline{B}$. 事件A关于事件B的差事件是由属于事件A且不属于事件B的样本点所构成的事件.

5)对立事件

试验中"A不发生"这一事件称为A的对立事件或A的逆事件,记为$\overline{A}$. 一次试验中,A发生则$\overline{A}$必不发生,而$\overline{A}$发生则A必不发生,因此A与$\overline{A}$满足关系$A \cup \overline{A}=\Omega$,$A\overline{A}=\varnothing$.

6)互不相容事件

如果事件A与事件B不能同时发生,即$AB=\varnothing$,则称**事件A与事件B互不相容**,或称**事件A与事件B互斥**.

9. 事件的运算律

1)交换律

$$A\cup B=B\cup A$$

2)结合律

$$(A\cup B)\cup C=A\cup(B\cup C)$$

$$(A\cap B)\cap C=A\cap(B\cap C)$$

3)分配律

$$(A\cup B)\cap C=(A\cap C)\cup(B\cap C)$$

$$(A\cap B)\cup C=(A\cup C)\cap(B\cup C)$$

4)对偶律(De Morgan 定理)

$$\overline{A\cup B}=\overline{A}\cap\overline{B}$$

$$\overline{A\cap B}=\overline{A}\cup\overline{B}$$

对偶律还可以推广到多个事件的情况．一般地,对 n 个事件 $A_1,A_2,\cdots,A_n$ 有:

$$\overline{A_1\cup A_2\cup\cdots\cup A_n}=\overline{A}_1\cap\overline{A}_2\cap\cdots\cap\overline{A}_n,$$

$$\overline{A_1\cap A_2\cap\cdots\cap A_n}=\overline{A}_1\cup\overline{A}_2\cup\cdots\cup\overline{A}_n.$$

对偶律表明,“至少有一个事件发生”的对立事件是“所有事件都不发生”,“所有事件都发生”的对立事件是“至少有一个事件不发生”.

5)吸收律

若 $A\subset B$,则 $A\cup B=B,AB=A$.

10. 频率

设在相同的条件下,重复进行了 n 次试验,若随机事件 A 在这 n 次试验中发生了 m 次,则比值

$$f_n(A)=\frac{m}{n}$$

称为事件 A 在 n 次试验中发生的频率．

11. 古典概型计算公式

设试验 E 为古典概型试验,$A_i(i=1,2,\cdots,n)$是全体基本事件,则

$$P(A)=\frac{m}{n}=\frac{A\text{包含的基本事件数}}{\text{基本事件总数}}.$$

12. 几何概型计算公式

设随机试验 E 是几何概型试验,Ω 是该试验的样本空间,则

$$P(A)=\frac{d_A}{d_\Omega}=\frac{\text{事件 }A\text{ 所占度量}}{\text{样本空间所占度量}}.$$

其中度量可以指长度、面积和空间等.

13. 概率的公理化定义

设随机试验 E 的样本空间为 Ω,对于 E 的每一事件 A,都对应一个实数 $P(A)$,若集合函数 P 满足下列条件:

(1)非负性:对任一事件 A,$0\leqslant P(A)\leqslant 1$;

(2)规范性:$P(\Omega)=1$;

(3)可列可加性:对任意可列个互不相容事件 $A_1,A_2,\cdots$,有

$$P\left(\sum_{i=1}^{+\infty}A_i\right)=\sum_{i=1}^{+\infty}P(A_i).$$

则称 $P(A)$ 为事件 A 的**概率**.

14. 概率的基本性质

设随机试验 E 的样本空间为 $\Omega,A,B,A_1,A_2,\cdots,A_n$ 都是 E 的事件,则

(1)不可能事件的概率为零,即 $P(\varnothing)=0$.

(2)对事件 A 及其对立事件 $\overline{A}$,有

$$P(A)=1-P(\overline{A}).$$

(3)单调性,若事件 A,B 满足 $A\subset B$,则

$$P(A)\leqslant P(B),P(B-A)=P(B)-P(A).$$

(4)有限可加性:若事件 A 与事件 B 互不相容,则

$$P(A\cup B)=P(A)+P(B).$$

一般地,若 n 个事件 $A_1,A_2,\cdots,A_n$ 互不相容,则

$$P(A_1\cup A_2\cup\cdots\cup A_n)=P(A_1)+P(A_2)+\cdots+P(A_n).$$

(5)概率的加法公式:对任意两个事件 A 与 B,有

$$P(A \cup B)=P(A)+P(B)-P(AB).$$

一般地,对任意 n 个事件 $A_1,A_2,\cdots,A_n$,有

$$P(\bigcup_{i=1}^{n} A_i) = \sum_{i=1}^{n} P(A_i) - \sum_{1 \leqslant i<j \leqslant n} P(A_iA_j) + \sum_{1 \leqslant i<j<k \leqslant n} P(A_iA_jA_k) - \cdots +(-1)^{n-1}P(A_1A_2\cdots A_n).$$

(6)概率的减法公式:对任意两个事件 A 与 B,有

$$P(A-B)=P(A)-P(AB)=P(A \cup B)-P(B).$$

15. 条件概率

设 A,B 是两个事件,且 $P(A)>0$,则称

$$P(B \mid A)=\frac{P(AB)}{P(A)}$$

为在事件 A 发生的条件下,事件 B 发生的**条件概率**.

类似地,当 $P(B)>0$ 时,可以定义在事件 B 发生的条件下事件 A 发生的条件概率为

$$P(A \mid B)=\frac{P(AB)}{P(B)}.$$

16. 条件概率的性质

设随机试验 E 的样本空间为 $\Omega,A,B,A_1,A_2,\cdots$都是 E 的事件,若 $P(B)>0$,则:

(1)对任一事件 A 有 $0 \leqslant P(A \mid B) \leqslant 1$,即非负性;

(2)$P(\Omega \mid B)=1$,即规范性;

(3)若事件 $A_1,A_2,\cdots$互不相容,则 $P\left(\sum_{i=1}^{\infty} A_i \mid B\right)=\sum_{i=1}^{\infty} P(A_i \mid B)$,即可列可加性.

17. 乘法公式

对于两个事件 A,B,如果 $P(A)>0$,则有

$$P(AB)=P(A)P(B \mid A).$$

若 $P(B)>0$,则有

$$P(AB)=P(B)P(A \mid B).$$

上式可推广到多个事件的积事件的情况：

$P(A_1A_2\cdots A_n)=P(A_1)\cdot P(A_2\mid A_1)\cdot P(A_3\mid A_1A_2)\cdot\cdots\cdot P(A_n\mid A_1A_2\cdots A_{n-1})$.

18. 样本空间的有限划分

设随机试验 E 的样本空间为 $\Omega,B_1,B_2,\cdots,B_n$ 是 E 的一组事件,若：

(1) $B_iB_j=\varnothing,i\neq j$;

(2) $B_1\cup B_2\cup\cdots\cup B_n=\Omega$.

则称 $B_1,B_2,\cdots,B_n$ 为 Ω 的一个有限划分.

19. 全概率公式

设随机试验 E 的样本空间为 $\Omega,A\subset\Omega,B_1,B_2,\cdots,B_n$ 为 Ω 的一个有限划分,且 $P(B_i)>0,i=1,2,\cdots,n$,则有

$$P(A)=\sum_{i=1}^{n}P(B_i)P(A\mid B_i).$$

20. 贝叶斯(Bayes)公式

设随机试验 E 的样本空间为 $\Omega,A\subset\Omega,B_1,B_2,\cdots,B_n$ 为 Ω 的一个有限划分,且 $P(A)>0,P(B_i)>0,i=1,2,\cdots,n$,则有

$$P(B_m\mid A)=\frac{P(B_m)P(A\mid B_m)}{\sum_{i=1}^{n}P(B_i)P(A\mid B_i)}.$$

21. 两个事件的相互独立

如果两个事件 A,B 满足等式

$$P(AB)=P(A)P(B),$$

则称事件 A 与 B 是相互独立的.

22. 两个事件相互独立的性质

(1)若事件 A,B 相互独立,且 $P(B)>0$,则

$$P(A\mid B)=P(A).$$

(2)若事件 A,B 相互独立,则下列 3 对事件：$\overline{A}$ 与 B,A 与 $\overline{B}$,$\overline{A}$ 与 $\overline{B}$ 也相互独立.

23. 3个事件相互独立

如果3个事件 A,B,C 满足等式

$$\begin{cases}P(AB)=P(A)P(B)\\P(BC)=P(B)P(C),\\P(CA)=P(C)P(A)\end{cases}$$

则称事件 A,B,C 两两独立.

进一步地,若满足

$$P(ABC)=P(A)P(B)P(C),$$

则称事件 A,B,C 相互独立.

二、典型题型练习

1. 写出下列随机试验的样本空间.

(1)同时掷3颗骰子,记录3颗骰子的点数之和;

(2)对一目标进行射击,直到击中5次为止,记录射击的次数;

(3)将一单位长度的线段分为3段,观察各段的长度;

(4)从分别标有号码1,2,…,10的10个球中任意取两球,记录球的号码.

2. 设 A,B,C 为随机试验的 3 个随机事件,试将下列事件用 A,B,C 表示出来.

(1)仅 A 发生;

(2)3 个事件都发生;

(3)A 与 B 均发生,C 不发生;

(4)至少有一个事件发生;

(5)至少有两个事件发生;

(6)恰有一个事件发生;

(7)恰有两个事件发生;

(8)没有一个事件发生;

(9)不多于两个事件发生;

(10)不多于一个事件发生.

3. 某人连续 3 次购买体育彩票，每次 1 张. 令 A,B,C 分别表示其第一、第二、第三次所买的彩票中奖的事件. 试用 A,B,C 及其运算表示下列事件：

(1)第三次未中奖；

(2)只有第三次中了奖；

(3)恰有一次中奖；

(4)至少有一次中奖；

(5)至少有两次中奖；

(6)至多中奖两次.

4. 若 $AB=\varnothing, P(A)=0.6, P(A\cup B)=0.8$,求 $P(\overline{B})$ 及 $P(A-B)$.

5. 设事件 A,B 发生的概率分别为$\frac{1}{3},\frac{1}{2}$,试就下面 3 种情况分别计算 $P(\overline{A}B)$.

(1)A,B 互不相容;

(2)$A\subset B$;

(3)$P(AB)=\frac{1}{8}$.

6. 一纸箱中有 6 个灯泡,其中有 2 个次品、4 个正品,求用下列取法取到一个正品和一个次品的概率.

(1)有放回地从中任取两次,每次取一个;

(2)无放回地从中任取两次,每次取一个.

7. 在区间[0,3]上任投一点,求该点坐标大于 1 的概率.

8. 某人午觉醒来,发现表停了,他打开收音机想听电台报时,设电台每整点报时一次,求他等待时间不足 10 min 的概率.

9. 设一质点一定落在 xOy 平面内并且由 x 轴、y 轴和直线 $x+y=1$ 所围成的三角形内,而落在这个三角形内各点处的可能性相等,即落在这个三角形内任何区域上的可能性与这个区域的面积成正比,计算该质点落在直线 $x=\frac{1}{3}$ 左边的概率.

10. 设 A,B 为两事件，$P(A)=P(B)=\frac{1}{3}$，$P(A \mid B)=\frac{1}{6}$，求 $P(\overline{A} \mid \overline{B})$.

11. 设 $P(A)=\frac{1}{4}$，$P(B \mid A)=\frac{1}{3}$，$P(A \mid B)=\frac{1}{2}$，求 $P(A \cup B)$.

12. 给定 $P(A)=0.5$，$P(B)=0.3$，$P(AB)=0.15$，验证下面 4 个等式：

$P(A\mid B)=P(A)$，$P(A\mid\overline{B})=P(A)$，$P(B\mid A)=P(B)$，$P(B\mid\overline{A})=P(B)$.

13. 为了防止发生事故，在矿内同时设有两种报警系统 A 与 B，每种系统单独使用时，系统 A 有效的概率为 0.92，系统 B 有效的概率为 0.93，在系统 A 失灵的条件下，系统 B 有效的概率为 0.85，求：

(1) 发生事故时，这两个报警系统至少有一个有效的概率；

(2) 系统 B 失灵的条件下，系统 A 有效的概率 .

14. 某型号的显像管主要由 3 个厂家供货，甲、乙、丙 3 个厂家的产品分别占总产品的 25%，50%，25%，甲、乙、丙 3 个厂家的产品在规定时间内能正常工作的概率分别是 0.1，0.2，0.4，求：

(1)一个随机选取的显像管能在规定时间内正常工作的概率.

(2)这个随机选取的能正常工作的显像管是甲厂供货的概率.

15. 某保险公司把被保险人分成 3 类："谨慎的""一般的""冒失的"，他们在被保险人中依次占 20%，50%，30%. 统计资料表明，上述 3 种人在一年内发生事故的概率分别是 0.05，0.15 和 0.30，现有某被保险人在一年内出事故了，求其是"谨慎的"客户的概率.

16. 已知一批产品中96%是合格品,用某种检验方法辨认出的合格品确为合格品的概率是98%,而误认废品是合格品的概率是5%,求检查合格的一件产品确实合格的概率.

17. 设事件A与事件B相互独立,且$P(A)=P$,$P(B)=q$,求下列事件的概率:$P(A\cup B)$,$P(A\cup\overline{B})$,$P(\overline{A}\cup\overline{B})$.

18. 已知事件 A 与 B 相互独立,且 $P(\overline{A}\,\overline{B})=\dfrac{1}{9}$,$P(A\overline{B})=P(\overline{A}B)$,求 $P(A)$,$P(B)$.

19. 3 个人独立破译一密码,他们能独立译出的概率分别是 0.25,0.35,0.4,求此密码被破译出的概率.

20. 甲、乙两人进行射击练习．根据两人的历史成绩知道，甲的命中率为0.9，乙的命中率为0.8. 现甲、乙两人各独立射击一次．求：

(1)甲、乙都命中目标的概率；

(2)甲、乙至少有一个命中目标的概率．

三、能力提升

1. 投掷 3 枚大小相同且厚薄均匀的硬币,观察它们出现的面.

(1)试写出该试验的样本空间;

(2)试写出下列事件所包含的样本点:$A=\{$最多出现一个正面$\}$,$B=\{$至少出现一个正面$\}$,$C=\{$出现一个反面,两个正面$\}$;

(3)如记 $A_i=\{$第 i 枚硬币出现正面$\}$,$i=1,2,3$,试用 A_1,A_2,A_3 表示事件 A,B,C.

2. 袋中 10 个球,分别编有号码 1—10,从中任取一球,设 $A=\{$取的球的号码是奇数$\}$,$B=\{$取的球的号码是偶数$\}$,$C=\{$取的球的号码不小于 5$\}$,问下列运算表示什么事件:

(1)$A\cup B$;　(2)AB;　(3)BC;　(4)AC;

(5)$\overline{AC}$;　(6)$\overline{A}\ \overline{C}$;　(7)$\overline{B\cup C}$;　(8)$B-C$.

3. 设 A,B 为两个事件，指出下列等式中哪些成立，哪些不成立？

(1) $A\cup B=A\overline{B}\cup B$；

(2) $(AB)(A\overline{B})=\varnothing$；

(3) $(A-B)\cup B=A$；

(4) $A-B=A\overline{B}$.

4. 从 5 双不同的鞋子中任取 4 只，问这 4 只鞋子中至少有两只配成一双的概率是多少？

5. 设袋中有红、白、黑球各一个，从中有放回地取球，每次取一个，直到 3 种颜色的球都取到时停止，求取球次数恰好为 4 的概率 .

6. 设甲船在 24 h 内随机到达码头，并停留 2 h；乙船也在 24 h 内独立地随机到达码头，并停留 1 h，求：

(1) 甲船先到达的概率 P_1；

(2) 两船相遇的概率 P_2.

7. 向区间[0,1]上任投两点,求两点之间的距离小于 0.5 的概率.

8. 设 A,B 是两个随机事件,且 $0<P(A)<1,0<P(B)<1$,如果 $P(A\mid B)=1$,求 $P(\overline{B}\mid\overline{A})$.

9. 某人忘记了电话号码的最后一个数字,因而随机地拨号,问拨号不超过 3 次而接通所需电话的概率是多少?如果已知最后一个数字是奇数,那么此概率是多少?

10. 一学生接连参加同一课程的两次考试,第一次及格的概率是 p;若第一次及格,则第二次及格的概率也是 p;若第一次不及格,则第二次及格的概率是 $\frac{p}{2}$.

(1)若至少有一次及格,则他可取得某种资格,求他取得该资格的概率.

(2)若已知他第二次已经及格,求他第一次及格的概率.

11. 设 A,B 是两个随机事件,且 $P(B)>0,P(A\mid B)=1$,证明 $P(A\cup B)=P(A)$.

12. 5 个阄,其中两个阄内写着“有”字,3 个阄内不写字,5 人依次抓取,问每人抓到“有”字阄的概率是否相同?

13. 医学上用某方法检验呼吸道感染,临床表现为发热、干咳. 已知人群中既发热又干咳的患者患呼吸道感染的概率是 5%;仅发热的患者患呼吸道感染的概率是 3%;仅干咳的患者患呼吸道感染的概率是 1%;无上述现象而被确诊为呼吸道感染的患者的概率是 0.01%. 现对某地区 25 000 人进行检查,其中既发热又干咳的患者有 250 人,仅发热的患者有 500 人,仅干咳的患者有 1 000 人,试求:

(1)该地区中某人患呼吸道感染的概率;

(2)被确诊为呼吸道感染的患者为仅发热的患者的概率.

14. 盒中 6 个乒乓球中有 4 个新的,2 个旧的,第一次比赛取出了 2 个,用完后放回去,第二次比赛又取出 2 个,求第二次取到的 2 个球都是新球的概率.

15. 设有来自3个地区的各10名、15名和25名考生的报名表,其中女生的报名表分别为3份、7份和5份,现随机地取一个地区的报名表,从中先后抽出两份.

(1)求先抽到的一份是女生报名表的概率p;

(2)已知后抽到的一份报名表为男生报名表,求先抽到的一份是女生报名表的概率q.

16. 设随机事件A与B相互独立,A与C相互独立,且$P(A)=P(B)=P(C)=\frac{1}{2}$,求$P(AC \mid A\cup B)$.

17. 甲、乙、丙3人同向一飞机射击,设击中飞机的概率分别是0.4,0.5,0.7. 如果只有1人击中飞机,则飞机被击落的概率是0.2;如果有2人击中飞机,则飞机被击落的概率是0.6;如果3人都击中飞机,则飞机一定被击落. 求飞机被击落的概率.

18.(可靠性问题)设有6个元件,每个元件在单位时间内能正常工作的概率均为0.9,且各元件能否正常工作是相互独立的,试求下面的系统能正常工作的概率.

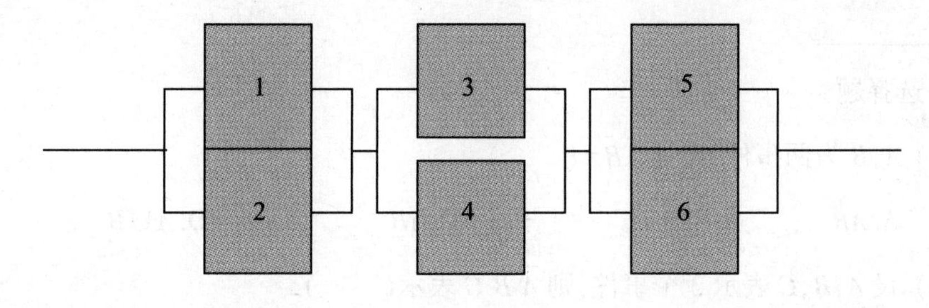

四、综合练习

1. 填空题.

(1) A,B 为两个随机事件,且 $P(AB)>0$,则 $P(A \mid AB)=$ ________.

(2) 已知 $P(A)=P(B)=P(C)=\frac{1}{4}$,$P(AB)=0$,$P(AC)=P(BC)=\frac{1}{16}$,则事件 A,B,C 全部都不发生的概率是________.

(3) 设两个相互独立的事件 A 和 B 都不发生的概率为$\frac{1}{9}$,事件 A 发生事件 B 不发生的概率与事件 B 发生事件 A 不发生的概率相等,则 $P(A)=$ ________.

(4) 已知 10 把钥匙中有 3 把能打开门,现任取 2 把,则能打开门的概率为____________.

(5) 已知甲、乙两人的命中率分别为 0.3 和 0.4,两人同时射击,则目标被命中的概率为________.

2. 选择题.

(1) A,B 为两事件,则 $A\cup B=$(　　).

A. AB　　B. $\overline{A}\,\overline{B}$　　C. $A\overline{B}$　　D. $\overline{A}\cup\overline{B}$

(2) 设 A,B,C 表示 3 个事件,则 $\overline{A}\,\overline{B}\,\overline{C}$ 表示(　　).

A. A,B,C 中有一个发生　　B. A,B,C 中恰有两个发生

C. A,B,C 中不多于一个发生　　D. A,B,C 都不发生

(3) A,B 为两事件,若 $P(A\cup B)=0.8$,$P(A)=0.2$,$P(\overline{B})=0.4$,则(　　)成立.

A. $P(A\overline{B})=0.32$　　B. $P(\overline{A}\,\overline{B})=0.2$

C. $P(B-A)=0.4$　　D. $P(\overline{B}A)=0.48$

(4) 设 A,B 为两事件,则(　　).

A. $P(A-B)=P(A)-P(B)$　　B. $P(A\cup B)=P(A)+P(B)$

C. $P(AB)=P(A)P(B)$　　D. $P(A)=P(AB)+P(A\overline{B})$

(5)设事件 A,B 相互独立,则下列说法错误的是(　　).

A. A 与 $\overline{B}$ 相互独立　　B. $\overline{A}$ 与 $\overline{B}$ 相互独立

C. $P(\overline{A}B)=P(\overline{A})P(B)$　　D. A 与 B 一定互斥

3. 计算题.

(1)若事件 A,B 相互独立,$P(A)=0.8$,$P(B)=0.6$. 求:$P(A\cup B)$ 和 $P(\overline{A}\mid A\cup B)$.

(2)某学生不小心将自己的钥匙弄丢了,钥匙丢在教室里、宿舍里、操场上、道路上的概率分别为 30%、25%、35%和 10%. 如果钥匙丢在教室里,能被找到的概率为 45%;如果钥匙丢在宿舍里,能被找到的概率为 67%;如果钥匙丢在操场上,能被找到的概率为 27%;如果钥匙丢在道路上,能被找到的概率为 12%.

①求该学生找到钥匙的概率;

②如果该学生找到了钥匙,求他在操场上找到的概率.

(3)某射手对同一目标进行独立射击,他每次命中目标的概率是24%,求该射手至少要射击多少次,才能使至少命中一次目标的概率在98%以上?

(4)发报台分别以概率60%和40%发出信号. 由于通信系统受到干扰,当发出信号0时,收报台未必收到信号0,而是分别以80%和20%的概率收到0和1;同样,发出1时收报台分别以90%和10%的概率收到1和0. 如果收报台收到0,求它没接收错误的概率.

(5)甲、乙两人进行乒乓球比赛,每局甲胜的概率为 60%. 设各局胜负相互独立,则对甲而言,是采用三局二胜制有利,还是采用五局三胜制有利?

五、考研试题精选

1. 填空题.

(1) (2012,数一)设 A,B,C 为 3 个随机事件,A,C 互不相容,$P(AB)=\frac{1}{2}$,$P(C)=\frac{1}{3}$,则 $P(AB\mid\overline{C})=$ ________.

(2) (2018,数三)设随机事件 A,B,C 相互独立,且 $P(A)=P(B)=P(C)=\frac{1}{2}$,则 $P(AC\mid A\cup B)=$ ________.

(3) (2018,数一)设随机事件 A 与 B 相互独立,A 与 C 相互独立,$BC=\varnothing$. 若 $P(A)=P(B)=\frac{1}{2}$,$P(AC\mid AB\cup C)=\frac{1}{4}$,则 $P(C)=$ ________.

2. 选择题.

(1) (2020,数一)设 A,B,C 为 3 个随机事件,且 $P(A)=P(B)=P(C)=\frac{1}{4}$,

$P(AB)=0, P(AC)=P(BC)=\frac{1}{12}$,则 A,B,C 中恰有一个事件发生的概率为(　　).

A. $\frac{3}{4}$　　B. $\frac{2}{3}$　　C. $\frac{1}{2}$　　D. $\frac{5}{12}$

(2) (2014,数一)设随机事件 A,B 相互独立,且 $P(B)=0.5, P(A-B)=0.3$,则 $P(B-A)=$(　　).

A. 0.1　　B. 0.2　　C. 0.3　　D. 0.4

(3) (2015,数三)若事件 A,B 是任意两个随机事件,则下列叙述正确的是(　　).

A. $P(AB)\leqslant P(A)P(B)$　　B. $P(AB)\geqslant P(A)P(B)$

C. $P(AB)\leqslant \frac{P(A)+P(B)}{2}$　　D. $P(AB)\geqslant \frac{P(A)+P(B)}{2}$

(4) (2016,数三)设 A,B 是两个随机事件,且 $0<P(A)<1, 0<P(B)<1$,如果 $P(A|B)=1$,则下面正确的是(　　).

A. $P(\overline{B}|\overline{A})=1$　　B. $P(A|\overline{B})=0$

C. $P(A+B)=1$　　D. $P(B|A)=1$

(5) (2017,数三)设 A,B,C 是 3 个随机事件,且 A 与 C 相互独立,B 与 C 相互独立,则 $A\cup B$ 与 C 相互独立的充要条件是(　　).

A. A 与 B 相互独立　　B. A 与 B 互不相容

C. A,B 与 C 相互独立　　D. A,B 与 C 互不相容

(6) (2017,数一)设 A,B 是两个随机事件,且 $0<P(A)<1, 0<P(B)<1$,则 $P(A|B)>P(A|\overline{B})$ 的充要条件是(　　).

A. $P(B|A)>P(B|\overline{A})$　　B. $P(B|A)<P(B|\overline{A})$

C. $P(\overline{B}|A)>P(B|\overline{A})$　　D. $P(\overline{B}|A)<P(B|\overline{A})$

(7) (2019,数一)设 A,B 为随机事件,则 $P(A)=P(B)$ 的充要条件是(　　).

A. $P(A\cup B)=P(A)+P(B)$　　B. $P(AB)=P(A)P(B)$

C. $P(A\overline{B})=P(B\overline{A})$　　　　D. $P(AB)=P(\overline{A}\,\overline{B})$

(8)(2021,数一)设 A,B 为随机事件,且 $0<P(B)<1$,下列命题中不成立的是(　　).

A. 若 $P(A\mid B)=P(A)$,则 $P(A\mid\overline{B})=P(A)$

B. 若 $P(A\mid B)>P(A)$,则 $P(\overline{A}\mid\overline{B})>P(\overline{A})$

C. 若 $P(A\mid B)>P(A\mid\overline{B})$,则 $P(A\mid B)>P(A)$

D. 若 $P(A\mid A\cup B)>P(\overline{A}\mid A\cup B)$,则 $P(A)>P(B)$

第 2 章　随机变量及其分布

一、知识点梳理

1. 随机变量及其分布函数的概念、性质及应用

1）随机变量的概念

随机变量就是“其值会随机而定”的变量．设随机试验 E 的样本空间为 $\Omega=\{\omega\}$，如果对每一个 $\omega\in\Omega$，都有唯一的实数 $X(\omega)$ 与之对应，并且对任意实数 x，$\{\omega\mid X(\omega)\leqslant x,\omega\in\Omega\}$ 是随机事件，则称定义在 Ω 上的实值单值函数 $X(\omega)$ 为**随机变量**. 简记为随机变量 X. 一般用大写字母 $X,Y,Z,\cdots$ 或者希腊字母 $\xi,\eta,\zeta,\cdots$ 来表示随机变量．

2）分布函数的概念

设 X 是随机变量，x 为任意实数，称函数 $F(x)=P\{X\leqslant x\}\ (x\in\mathbf{R})$ 为随机变量 X 的分布函数，或称 X 服从分布 $F(x)$，记为 $X\sim F(x)$.

3）性质（也是充要条件）

①$F(x)$ 是 x 的单调不减函数，即对任意实数 $x_1<x_2$，有 $F(x_1)\leqslant F(x_2)$；

②$F(x)$ 是 x 的右连续函数，即对任意 $x_0\in\mathbf{R}$，有 $\lim\limits_{x\to x_0^+}F(x)=F(x_0+0)=F(x_0)$；

③$F(-\infty)=\lim\limits_{x\to-\infty}F(x)=0,F(+\infty)=\lim\limits_{x\to+\infty}F(x)=1$.

4）分布函数的应用——求概率

①$P(X\leqslant a)=F(a)$；

②$P(X<a)=F(a-0)$；

③$P(X=a)=F(a)-F(a-0)$.

2. 离散型随机变量

1) 离散型随机变量

如果随机变量 X 只可能取有限个或可列个值 $x_1, x_2, \cdots$，则称 X 为**离散型随机变量**，称

$$p_i = P\{X = x_i\}, i = 1, 2, \cdots$$

为 X 的分布列、分布律或概率分布，记为 $X \sim p_i$，概率分布常常用表格形式或矩阵形式表示，即

X	x_1	x_2	$\cdots$
P	p_1	p_1	$\cdots$

或

$$X \sim \begin{pmatrix} x_1 & x_2 & \cdots \\ p_1 & p_2 & \cdots \end{pmatrix}$$

数列 $\{p_i\}$ 是离散型随机变量的概率分布的充要条件：$p_i \geqslant 0 (i = 1, 2, \cdots)$，且 $\sum\limits_i p_i = 1$.

设离散型随机变量 X 的概率分布为 $p_i = P\{X = x_i\}$，则 X 的分布函数

$$F(x) = P\{X \leqslant x\} = \sum_{x_i \leqslant x} P\{X = x_i\},$$

$$p_i = P\{X = x_i\} = P\{X \leqslant x_i\} - P\{X < x_i\} = F(x_i) - F(x_i - 0),$$

并且对实轴上的任一集合 B 有

$$P\{X \in B\} = \sum_{x_i \in B} P\{X = x_i\}.$$

特别地，$P\{a < X \leqslant b\} = P\{X \leqslant b\} - P\{X \leqslant a\} = F(b) - F(a)$.

2)常见的离散型随机变量

①0-1 分布 $B(1,p)$;

②二项分布 $B(n,p)$;

③泊松分布 $P(\lambda)$;

④几何分布 $G(p)$;

⑤超几何分布 $H(n,N,M)$.

3. 连续型随机变量

1)连续型随机变量

如果随机变量 X 的分布函数可以表示为

$$F(x)=\int_{-\infty}^{x} f(t)\mathrm{d}t(x\in \mathbf{R}),$$

其中 $f(x)$ 是非负可积函数,则称 X 为**连续型随机变量**,称 $f(x)$ 为 X 的**概率密度函数**,简称**概率密度**,记为 $X\sim f(x)$.

$f(x)$ 为某一随机变量 X 的概率密度的充分必要条件为:$f(x)\geqslant 0$,且 $\int_{-\infty}^{+\infty} f(x)\mathrm{d}x=1$(由此可见,改变 $f(x)$ 有限个点的值,$f(x)$ 仍然是概率密度).

设 X 为连续型随机变量,$X\sim f(x)$,则对任意实数 c 有 $P\{X=c\}=0$;对数轴上任一集合 B 有

$$P\{X\in B\}=\int_{B} f(x)\mathrm{d}x,$$

特别地,

$$P\{a<X<b\}=P\{a\leqslant X<b\}=P\{a<X\leqslant b\}=P\{a\leqslant X\leqslant b\}=\int_{a}^{b} f(x)\mathrm{d}x=F(b)-F(a).$$

2)常见连续型分布

①均匀分布 $U(a,b)$;

②指数分布 $E(\lambda)$;

③正态分布 $N(\mu,\sigma^2)$.

4. 随机变量的数学期望

1)数学期望的概念

随机变量的期望是用来刻画随机变量所有可能取值的平均取值的数字特征.

2)一维随机变量的数学期望的定义

(1) 设离散型随机变量 X 的分布律为:$P\{X=x_i\}=p_i, i=1,2,\cdots$, 若 $\sum_{i=1}^{\infty}|x_i|p_i<+\infty$,则称

$$E(X)=\sum_{i=1}^{\infty}x_ip_i$$

为离散型随机变量 X 的数学期望.

(2) 设连续型随机变量 X 的概率密度为 $f(x)$,若 $\int_{-\infty}^{+\infty}|x|f(x)\,\mathrm{d}x<+\infty$,则称

$$E(X)=\int_{-\infty}^{+\infty}xf(x)\,\mathrm{d}x$$

为连续型随机变量 X 的数学期望.

3)数学期望的性质

设 X,Y 是随机变量,c 是常数,则:

(1)$E(c)=c$;

(2)$E(cX)=cE(X)$;

(3)$E(X+Y)=E(X)+E(Y)$;

(4)设 X,Y 是两个相互独立的随机变量,则 $E(XY)=E(X)E(Y)$.

由(2)(3)可知:

$$E(k_1X_1+k_2X_2+\cdots+k_nX_n)=k_1E(X_1)+k_2E(X_2)+\cdots+k_nE(X_n).$$

其中 $k_1,k_2,\cdots,k_n$ 为任意常数.

5. 随机变量的方差

1)方差与标准差的概念

数学期望 $E(X)$ 刻画了随机变量取值的平均情况,多数情况还需要了解随机变量相对于期望的偏离程度. 方差与标准差都是用来刻画随机变量与其期望的偏离程度的数字特征.

2)方差与标准差的定义

设 X 是一个随机变量,若 $E\{[X-E(X)]^2\}$ 存在,则称

$$D(X)=E\{[X-E(X)]^2\}$$

为随机变量 X 的方差. 而 $\sigma(X)=\sqrt{D(X)}$,称为随机变量的标准差或均方差. 通常用 $D(X)=E(X^2)-[E(X)]^2$ 来计算随机变量方差.

方差的本质即是随机变量函数 $g(X)=[X-E(X)]^2$ 的数学期望.

(1)对于离散型的随机变量 X,其概率分布为 $P\{X=x_i\}=p_i(i=1,2,\cdots)$,$X$ 的方差为:

$$D(X)=\sum_{i=1}^{\infty}[x_i-E(X)]^2p_i;$$

(2)对于连续型的随机变量 X,其概率密度函数为 $f(x)$,X 的方差为:

$$D(X)=\int_{-\infty}^{+\infty}[x-E(X)]^2f(x)\mathrm{d}x.$$

3)方差的性质

设 X,Y 为随机变量，c 为常数，则：

(1) $D(c)=0$；

(2) $D(cX)=c^2D(X)$；

(3) $D(X\pm Y)=D(X)+D(Y)\pm 2E\{[X-E(X)][Y-E(Y)]\}$；

(4) X 和 Y 相互独立有：$D(X\pm Y)=D(X)+D(Y)$；

(5) 若 $X_1,X_2,\cdots,X_n$ 相互独立，方差均存在，则有：$D(\sum\limits_{i=1}^{n}c_iX_i)=\sum\limits_{i=1}^{n}c_i^2D(X_i)$.

6. 常见分布的数字特征

1) 两点分布 $B(1,p)$

$$E(X)=p,D(X)=p(1-p)$$

2) 二项分布 $B(n,p)$

$$E(X)=np,D(X)=np(1-p)$$

3) 泊松分布 $P(\lambda)$

$$E(X)=\lambda,D(X)=\lambda$$

4) 均匀分布 $U[a,b]$

$$E(X)=\frac{a+b}{2},D(X)=\frac{(b-a)^2}{12}$$

5) 指数分布 $E(\lambda)$

$$E(X)=\frac{1}{\lambda},D(X)=\frac{1}{\lambda^2}$$

6) 正态分布 $N(\mu,\sigma^2)$

$$E(X)=\mu,D(X)=\sigma^2$$

7. 随机变量函数的分布

1) 随机变量函数的概念

设 X 为随机变量，函数 $y=g(x)$，则以随机变量 X 作为自变量的函数 $Y=g(X)$ 也是随机变量，并称为随机变量 X 的函数．例如：$Y=aX^2+bX+c$，$Y=|X-a|$，$Y=\begin{cases}X, X\leqslant 1\\ 1, X>1\end{cases}$ 等．

2）随机变量函数的分布

（1）离散型．设 X 为离散型随机变量，其概率分布为 $p_i=P\{X=x_i\}(i=1,2,\cdots)$，则 X 的函数 $Y=g(X)$ 也是离散型随机变量，其概率分布为 $P\{Y=g(x_i)\}=p_i$，即

$$Y\sim\begin{pmatrix}g(x_1) & g(x_2) & \cdots\\ p_1 & p_2 & \cdots\end{pmatrix}.$$

如果有若干个 $g(x_k)$ 相同，则合并诸项为一项 $g(x_k)$，并将相应概率相加作为 Y 取 $g(x_k)$ 值的概率．

（2）连续型．设 X 为连续型随机变量，其分布函数、概率密度函数分别为 $F_X(x)$ 与 $f_X(x)$，随机变量 $Y=g(X)$ 是 X 的函数，则 Y 的分布函数或概率密度可用下面两种方法求得．

①定义法（分布函数法）．

直接由定义求 Y 的分布函数；

$$F_Y(y)=P\{Y\leqslant y\}=P\{g(X)\leqslant y\}=\int_{g(X)\leqslant y}f_X(x)\,\mathrm{d}x.$$

如果 $F_Y(y)$ 连续，且除有限个点外，$F'_Y(y)$ 存在且连续，则 Y 的概率密度 $f_Y(x)=F'_Y(y)$．

②公式法．

根据定义法（分布函数法），若 $y=g(x)$ 在 (a,b) 上是关于 x 的严格单调可导函数，

则存在 $x=h(y)$ 是 $y=g(x)$ 在 (a,b) 上的可导反函数.

若 $y=g(x)$ 单调增加,则 $x=h(y)$ 也单调增加,即 $h'(y)>0$,且

$$F_Y(y)=P\{Y\leqslant y\}=P\{g(X)\leqslant y\}=P\{X\leqslant h(y)\}=\int_{-\infty}^{h(y)}f_X(x)\mathrm{d}x,$$

故

$$f_Y(x)=F'_Y(y)=f_Y(h(y))\cdot h'(y).$$

若 $y=g(x)$ 单调减少,则 $x=h(y)$ 也单调减少,即 $h'(y)<0$,且

$$F_Y(y)=P\{Y\leqslant y\}=P\{g(X)\leqslant y\}=P\{X\geqslant h(y)\}=\int_{h(y)}^{+\infty}f_X(x)\mathrm{d}x,$$

故

$$f_Y(x)=F'_Y(y)=-f_Y(h(y))\cdot h'(y)=f_Y(h(y))\cdot[-h'(y)].$$

综上,

$$f_Y(x)=\begin{cases}f_Y(h(y))\cdot|h'(y)|, & \alpha<y<\beta\\0, & 其他\end{cases}.$$

其中 $\alpha=\min\{g(a),g(b)\}$,$\beta=\max\{g(a),g(b)\}$.

3)一维随机变量函数的数学期望

设 Y 是随机变量 X 的连续函数,$Y=g(X)$,那么:

①若 X 是离散型随机变量,其分布律为:$P\{X=x_i\}=p_i(i=1,2,\cdots)$,则有:

$$E(Y)=E(g(X))=\sum_i g(x_i)p_i;$$

②若 X 是连续型随机变量,其概率密度为 $f(x)$,则有:

$$E(Y)=E(g(X))=\int_{-\infty}^{+\infty}g(x)f(x)\mathrm{d}x.$$

二、典型题型练习

1. 设随机变量 X 的分布函数为

$$F(x)=\begin{cases}a+b\arctan x, x\leqslant 1\\ c, x>1\end{cases}.$$

求常数 a,b,c 的值.

2. 某盒产品中恰有 8 件正品,2 件次品. 每次从中任取一件进行检查,直到取到正品为止,X 表示抽取次数,在下述条件下求 X 的分布律:

(1)无放回地抽取;

(2)有放回地抽取.

3. 一袋中有 5 只球,编号为 1,2,3,4,5. 在袋中同时取 3 只球,以 X 表示取出的 3 只球中的最大号码,写出随机变量 X 的分布律与分布函数.

4. 试确定常数 c,使 $P\{X=i\}=\frac{c}{2^i}(i=0,1,2,3,4)$成为某个随机变量 X 的分布律,并求:

(1)$P(X\leqslant 2)$;

(2)$P\left(\frac{1}{2}<X<\frac{5}{2}\right)$.

5. 设随机变量 X 的分布函数为

$$F(x)=\begin{cases}0, x<0\\ \dfrac{x}{2}, 0\leqslant x<1.\\ 1, x\geqslant 1\end{cases}$$

求概率 $P\{X=1\}$,$P\{X\geqslant 1\}$,$P\{-1\leqslant X<1\}$.

6. 设离散型随机变量 X 的分布函数为

$$F(x)=\begin{cases}0, x<-1\\ a, -1\leqslant x<1\\ \dfrac{2}{3}-a, 1\leqslant x<2\\ 1, x\geqslant 2\end{cases}.$$

且 $P\{X=2\}=\dfrac{1}{2}$,试确定常数 a,b.

7.（1）设随机变量 X 服从泊松分布，且已知 $P\{X=1\}=P\{X=2\}$，求 $P\{X=4\}$；

（2）设随机变量 $X\sim B(6,p)$，已知 $P\{X=1\}=P\{X=5\}$，求 $P\{X=2\}$.

8. 有一繁忙的汽车站，每天有大量的汽车经过．设每辆汽车在一天的某段时间内出事故的概率为 0.02%，在某天的该时间内有 1 000 辆汽车经过，问出事故的次数不少于 2 的概率是多少？

9. 设连续型随机变量 X 的分布函数为

$$F(x)=\begin{cases}0, x>0 \\ Ax^2,\ 0\leqslant x<1. \\ 1, x\geqslant 1\end{cases}$$

求：(1) 常数 A；

(2) X 落在 $\left(-1,\frac{1}{2}\right)$ 及 $\left(\frac{1}{2},3\right)$ 内的概率；

(3) X 的概率密度．

10. 设某种型号电子元件的寿命 X(单位:h)具有以下概率密度

$$f(x)=\begin{cases}\dfrac{1\ 000}{x^2}, & x\geqslant 1\ 000\\ 0, & 其他\end{cases}.$$

现有一大批此种元件(设各元件工作相互独立),问:

(1)任取 1 个,其寿命大于 1 500 h 的概率是多少?

(2)任取 4 个,4 个元件中恰有两个元件寿命大于 1 500 h 的概率是多少?

11. 设随机变量 $X \sim N(3,2^2)$，求：

(1) $P\{2<X\leqslant 5\}$；

(2) $P\{-4<X\leqslant 10\}$；

(3) $P\{|X|>2\}$；

(4) $P\{X>3\}$.

12. 设随机变量 X 服从参数为 $\lambda(\lambda>0)$ 的指数分布,且 $P\{X\leqslant 1\}=\frac{1}{2}$,试求:

(1)参数 λ;

(2)$P\{X>2 \mid X>1\}$.

13. 设随机变量 $X\sim P(\lambda)$,且 $P\{X=1\}=P\{X=2\}$,求 $E(X)$.

14. 设随机变量 $X\sim N(10,4)$，$Y\sim U[1,5]$，且 X 与 Y 相互独立，求 $E(3X+2XY-Y+5)$.

15. 有 10 个同种电子元件，其中 2 个为废品. 从中任取 1 个，若是废品，扔掉后重取 1 只，求取到正品前已取出的废品数 X 的数学期望.

16. 设随机变量 X 的概率密度为

$$f(x)=\begin{cases}1+x, -1\leqslant x\leqslant 0\\ 1-x, 0<x\leqslant 1\\ 0,\text{其他}\end{cases}.$$

求 $E(X)$.

17. 设相互独立的随机变量 X,Y 的密度函数分别为

$$f_1(x)=\begin{cases}2x, 0\leqslant x\leqslant 1\\ 0,\text{其他}\end{cases},\ f_2(y)=\begin{cases}e^{-(y-5)}, y\geqslant 5\\ 0,\text{其他}\end{cases}.$$

求 $E(XY)$.

18. 设随机变量 $X \sim B(6,p)$，且 $E(X)=2.4$，求 $E(X^2)$.

19. 设随机变量 X 的概率密度为

$$f(x)=\begin{cases} x, 0 \leqslant x \leqslant 1 \\ 2-x, 1<x \leqslant 2. \\ 0, \text{其他} \end{cases}$$

求 $D(X)$.

20. 设随机变量 X 的分布律如下表所示.

X	0	$\frac{\pi}{2}$	π
P	$\frac{1}{4}$	$\frac{1}{2}$	$\frac{1}{4}$

求 $Y=\frac{2}{3}X+2$ 和 $Z=\sin X$ 的分布律 .

21. 设随机变量 X 的概率密度为

$$f(x)=\begin{cases}\frac{1}{2}x, 0<x<2\\ 0,其他\end{cases}.$$

求 $Y=X(2-X)$ 的分布函数和概率密度 .

22. 设随机变量 X 的概率密度为 $f(x)=\dfrac{2}{\pi(1+x^2)}, x>0$，求 $Y=\ln x$ 的概率密度.

23. 设随机变量 X 的概率密度为：

$$f(x)=\begin{cases}\dfrac{3}{2}x^2, & -1<x<1\\ 0, & \text{其他}\end{cases}$$

求下列随机变量的概率密度：

(1) $Y=3X$；

(2) $Y=3-X$；

(3) $Y=X^2$.

24. 设离散型随机变量 X 的概率分布如下表所示 .

X	-1	0	1
P	$\frac{1}{4}$	$\frac{1}{2}$	$\frac{1}{4}$

求 $Z=X^2$ 的期望 .

25. 已知随机变量 $X \sim U(-\pi,\pi)$，试求 $Y=\cos X$ 和 $Y^2=\cos^2 X$ 的数学期望 .

26. 随机变量 X 的概率密度为 $f(x)=\begin{cases} e^{-x}, x>0 \\ 0, x\leqslant 0 \end{cases}$,求 $Y=2X$ 和 $Z=e^{-2X}$ 的数学期望.

三、能力提升

1. 设随机变量 X 的分布函数为 $F(x)=A+B\arctan x, -\infty<x<+\infty$,求

(1)常数 A,B;

(2)$P(|X|<1)$;

(3)随机变量 X 的密度函数.

2. 从学校乘汽车到火车站途中有 3 个交通岗,假设在各个交通岗遇到红灯的时间是相互独立的,概率也是相互独立的,并且概率均为$\frac{2}{5}$. 设 X 为途中遇到红灯的次数,求随机变量 X 的分布律 .

3. 某种产品每年的市场需求量为 X 吨,$X \sim U[2\,000,4\,000]$,每出售 1 吨可赚 3 万元,售不出去则需要缴纳 1 万元保管费,则应该生产多少吨,才能使平均利润最大?

4. 设随机变量 X 服从拉普拉斯分布，其概率密度为 $f(x)=\frac{1}{2}e^{-|x|},-\infty<x<+\infty$，求 $E(X)$ 和 $D(X)$.

5. 设随机变量 X 的概率分布如下表所示.

X	-1	0	1	2
P	$\frac{1}{2c}$	$\frac{3}{4c}$	$\frac{5}{8c}$	$\frac{7}{16c}$

求：(1) 常数 c；

(2) $P\{0\leqslant X<2\}$，$P\{X^2-3X<2\}$；

(3) 分布函数 $F(x)$.

6. 已知随机变量 X 的概率密度函数为

$$f(x)=\begin{cases} c\lambda e^{-\lambda x}, x>a \\ 0, 其他 \end{cases}.$$

求：(1)常数 c 的值；

(2)$P\{a-1<X\leqslant a+1\}$.

7. 已知 X 的密度函数为

$$f_X(x)=\begin{cases} 1+x, -1\leqslant x\leqslant 1 \\ 1-x, 0\leqslant x\leqslant 1 \\ 0, 其他 \end{cases}, 且\ Y=X^2+1.$$

求：(1)Y 的分布函数 $F_Y(y)$ 和密度函数 $f_Y(y)$；

(2)$P\left\{\frac{5}{4}<Y\leqslant\frac{7}{4}\right\}$.

四、综合练习

1. 填空题.

(1)当 $C=$________时,$P\{X=k\}=C\left(\frac{2}{3}\right)^k(k=1,2,3,\cdots)$才能成为随机变量 X 的分布律.

(2)设有随机变量 $X\sim\begin{bmatrix}-1 & 0 & 1\\ \frac{1}{3} & \frac{1}{6} & \frac{1}{2}\end{bmatrix}$,则 X 的分布函数为________.

(3)已知离散型随机变量 X 的可能取值为$-2,0,2,\sqrt{5}$,相应的概率依次为$\frac{1}{a},\frac{3}{2a},\frac{5}{4a},\frac{7}{8a}$,则 $P\{|X|\leqslant 2|X\geqslant 0\}$为________.

(4)设 X 是在$[0,1]$上取值的连续型随机变量,且 $P\{X\leqslant 0.29\}=0.75$. 如果 $Y=1-X$,则 $k=$________时,$P\{X\leqslant k\}=0.25$.

(5)设随机变量 X 和 Y 独立,且都在区间$[1,3]$上服从均匀分布. 引进事件 $A=\{X\leqslant a\}$,$B=\{Y>a\}$. 已知 $P\{A\cup B\}=\frac{7}{9}$,则常数 $a=$________.

(6)设 $X\sim U[0,\pi]$,$Y=\sin X$,则 $E(Y)=$________.

(7)设 $X\sim B(n,p)$,已知 $E(X)=1.6$,$D(X)=1.28$,则 $n=$________,$p=$________.

(8)设 X 与 Y 相互独立,且 $D(X)=2$,$D(Y)=1$,则 $D(2X-3Y)=$________.

(9)设 $X\sim N(0,1)$,且 $Y=2X+1$,则 $D(Y)=$________.

2. 选择题.

(1)以下函数是随机变量 X 的分布函数的是(　　).

A. $F(x)=\begin{cases}0, x\leqslant 0\\ \frac{1}{2}, 0<x<1\\ 1, x\geqslant 1\end{cases}$　　B. $F(x)=\begin{cases}0, x\leqslant 0\\ \sin x, 0<x<\pi\\ 1, x\geqslant \pi\end{cases}$

C. $F(x)=\begin{cases}0, x<0\\ \sin x, 0\leqslant x<\dfrac{\pi}{2}\\ 1, x\geqslant\dfrac{\pi}{2}\end{cases}$　　D. $F(x)=\begin{cases}0, x\leqslant 0\\ x+\dfrac{1}{3}, 0<x<1\\ 1, x\geqslant 1\end{cases}$

(2)某人进行射击训练,共有 5 发子弹,击中目标或子弹打完就停止射击,射击次数为 X,则“$X=5$”表示的实验结果是(　　).

A. 第 5 次击中目标　　B. 第 5 次未击中目标

C. 前 4 次均未击中目标　　D. 第 4 次击中目标

(3)已知随机变量 X 的分布列为 $P\{X=i\}=\dfrac{i}{2c}(i=1,2,3)$,则 $P\{X=2\}=$(　　).

A. $\dfrac{1}{9}$　　B. $\dfrac{1}{6}$　　C. $\dfrac{1}{3}$　　D. $\dfrac{1}{4}$

(4)设函数 $F(x)=\begin{cases}0, x\leqslant 0\\ \dfrac{x}{2}, 0<x\leqslant 1\\ 1, x>1\end{cases}$,则 $F(x)$(　　).

A. 是某一随机变量的分布函数

B. 不是某一随机变量的分布函数

C. 是某一连续型随机变量的分布函数

D. 是某一离散型随机变量的分布函数

(5)随机变量 X 的可能值充满区间(　　),则 $\varphi(x)=\cos x$ 可以称为随机变量 X 的分布密度.

A. $\left[0,\dfrac{\pi}{2}\right]$　　B. $\left[\dfrac{\pi}{2},\pi\right]$　　C. $[0,\pi]$　　D. $\left[\dfrac{3\pi}{2},\dfrac{7\pi}{4}\right]$

(6)设 X 为随机变量,若矩阵 $\boldsymbol{A}=\begin{bmatrix}2 & 3 & 2\\ 0 & -2 & -X\\ 0 & 1 & 0\end{bmatrix}$ 的特征值全为实数的概率为 0.5,

则(　　).

A. X 服从区间[0,2]的均匀分布　B. X 服从二项分布 $B(2,0.5)$

C. X 服从参数为 1 的指数分布　D. X 服从正态分布 $N(0,1)$

(7)设随机变量 X 的密度函数为 $f_X(x)$，则 $Y=3-2X$ 的密度函数为(　　).

A. $-\frac{1}{2}f_X\left(-\frac{y-3}{2}\right)$　B. $\frac{1}{2}f_X\left(-\frac{y-3}{2}\right)$

C. $-\frac{1}{2}f_X\left(-\frac{y+3}{2}\right)$　D. $\frac{1}{2}f_X\left(-\frac{y+3}{2}\right)$

(8)设随机变量 X 具有对称的概率密度，即 $f(-x)=f(x)$，则对任意 $a>0$，$P\{|X|>a\}$ 是(　　).

A. $1-2F(a)$　B. $2F(a)-1$　C. $2-F(a)$　D. $2[1-F(a)]$

(9)设随机变量 X 在区间(2,5)上服从均匀分布．现对 X 进行三次独立观测，则至少有两次观测值大于 3 的概率为(　　).

A. $\frac{20}{27}$　B. $\frac{27}{30}$　C. $\frac{2}{5}$　D. $\frac{2}{3}$

3. 设随机变量 X 的概率密度为 $P\{X=k\}=\frac{1}{2^k}, k=1,2,3,\cdots$. 试求随机变量 $Y=\sin\left(\frac{\pi}{2}X\right)$ 的分布律.

4. 已知某零件的横截面是个圆，对横截面的直径 X 进行测量，其值在区间(1,2)上服从均匀分布，求横截面面积 S 的数学期望.

5. 设 $X\sim P(\lambda)$，且 $P\{X=1\}=P\{X=2\}$，计算 $D(X)$.

6. 将 4 个可区分的球随机地放入 4 个盒子中,每盒容纳的球数无限,求空着的盒子数的数学期望.

7. 设随机变量 X 的密度函数为

$$f(X)=\begin{cases} ax, 0<x<2 \\ cx+b, 2\leqslant x\leqslant 4, \\ 0, \text{其他} \end{cases}$$

且 $E(X)=2, P\{(1<X<3)\}=\dfrac{3}{4}$,求常数 a,b,c.

8. 设随机变量 X 的概率密度函数为 $f_X(x)=\dfrac{1}{\pi(1+x^2)}$,求随机变量 $Y=1-\sqrt[3]{X}$ 的概率密度函数 $f_Y(y)$.

五、考研试题精选

1. 选择题.

(1)(2002,数一)设 X_1 和 X_2 是任意两个相互独立的连续型随机变量,它们的概率密度分别为 $f_1(x)$ 和 $f_2(x)$,分布函数分别为 $F_1(x)$ 和 $F_2(x)$,则(　　).

A. $f_1(x)+f_2(x)$ 必为某一随机变量的概率密度

B. $f_1(x)f_2(x)$ 必为某一随机变量的概率密度

C. $F_1(x)+F_2(x)$ 必为某一随机变量的分布函数

D. $F_1(x)F_2(x)$ 必为某一随机变量的分布函数

(2)(2011 年,数一、数三)设函数 $F_1(x)$,$F_2(x)$ 为两个分布函数,其相应的概率密度 $f_1(x)$,$f_2(x)$ 是连续函数,则必为概率密度的是(　　).

A. $f_1(x)f_2(x)$　　　　B. $2f_2(x)F_1(x)$

C. $f_1(x)F_2(x)$　　　　D. $f_1(x)F_2(x)+f_2(x)F_1(x)$

(3)(2004,数一)设随机变量 X 服从正态分布 $N(0,1)$,对给定的 $\alpha(0<\alpha<1)$,数 u_α 满足 $P\{X>u_\alpha\}=\alpha$,则 x 等于(　　).

A. $u_{\frac{\alpha}{2}}$　　B. $u_{1-\frac{\alpha}{2}}$　　C. $u_{\frac{1-\alpha}{2}}$　　D. $u_{1-\alpha}$

(4)(2010,数三)设 $f_1(x)$ 为标准正态分布的概率密度, $f_2(x)$ 为$[-1,3]$上均匀分布的概率密度,若 $f(x)=\begin{cases} af_1(x), & x\leqslant 0 \\ bf_2(x), & x>0 \end{cases}$ $(a>0,b>0)$ 为概率密度,则 a,b 应满足(　　).

A. $2a+3b=4$　　B. $3a+2b=4$

C. $a+b=1$　　D. $a+b=2$

2. (2019,数三)设连续型随机变量 X 的概率密度为 $f(x)=\begin{cases} \dfrac{x}{2}, & 0<x<2 \\ 0, & \text{其他} \end{cases}$,$F(x)$ 为 X 的分布函数,$E(X)$ 为 X 的数学期望,计算 $P\{F(x)>E(X)-1\}$.

3.(2017,数三)设随机变量 X 的概率分布为 $P\{X=-2\}=\frac{1}{2}$,$P\{X=1\}=a$,$P\{X=3\}=b$,若 $E(X)=0$,计算随机变量 X 的方差 $D(X)$.

4.(2013,数三)随机变量 X 服从标准正态分布 $N(0,1)$,计算 $E(Xe^{2X})$.

第 3 章　多维随机变量及其分布

一、知识点梳理

1. 二维随机变量及其分布

1) 二维随机变量的定义

设 E 是随机试验，$X=X(\omega)$ 和 $Y=Y(\omega)$ 是定义在同一样本空间 $S=\{\omega\}$ 上的随机变量，则称 (X,Y) 为二维随机变量或二维随机向量.

2) 联合分布函数的定义

设 (X,Y) 为二维随机变量，对于任意 $(x,y)\in\mathbf{R}^2$，称

$$F(x,y)=P\{X\leqslant x,Y\leqslant y\}$$

为二维随机变量 (X,Y) 的联合分布函数，简称为分布函数.

3) 联合分布函数的性质

(1) 单调性：对 x 或 y 都是单调不减的.

(2) 有界性：对任意的 x 或 y，有 $0\leqslant F(x,y)\leqslant 1$，并且

$$F(-\infty,y)=\lim_{x\to-\infty}F(x,y)=0,F(x,-\infty)=\lim_{y\to-\infty}F(x,y)=0,F(+\infty,+\infty)=\lim_{\substack{x\to+\infty\\y\to+\infty}}F(x,y)=1.$$

(3) 右连续：对 x 或 y 都是右连续的，即

$$F(x+0,y)=F(x,y),F(x,y+0)=F(x,y).$$

(4) 对任意的 (x_1,y_1) 和 (x_2,y_2)，其中 $x_1<x_2,y_1<y_2$，有

$$F(x_2,y_2)-F(x_1,y_2)-F(x_2,y_1)+F(x_1,y_1)\geqslant 0.$$

4) 联合概率分布的定义

若二维随机变量 (X,Y) 只取有限个或可列个数对 (x_i,y_j)，则称 (X,Y) 为二维离散型随机变量，称 $P=P\{X=x_i,Y=y_j\},i,j=1,2,\cdots$ 为 (X,Y) 的联合分布律或者联合概率分布，简称为分布律或者概率分布.

联合分布律具有以下两条基本性质.

①非负性:$p_{ij} \geqslant 0, i, j=1,2,\cdots$.

②正则性: $\sum_{i} \sum_{j} p_{ij} = 1$.

5)联合概率密度的定义

设(X,Y)为二维随机变量,若存在$f(x,y)$函数,对于任意区域A,满足

$$P\{(X,Y) \in A\} = \iint_{A} f(x,y)\,\mathrm{d}x\mathrm{d}y,$$

则称(X,Y)为二维连续型随机变量,称$f(x,y)$为(X,Y)的联合概率密度函数,简称为概率密度.

联合概率密度函数$f(x,y)$具有以下性质.

①非负性: $f(x,y) \geqslant 0$.

② 正则性: $\int_{-\infty}^{+\infty}\int_{-\infty}^{+\infty} f(x,y)\,\mathrm{d}x\mathrm{d}y = 1$.

对于二维连续型随机变量(X,Y),联合分布函数与联合概率密度函数可以相互求出,具体方法如下.

若$f(x, y)$在点(x, y)处连续, $F(x, y)$为相应的联合分布函数,则有$\dfrac{\partial^2 F(x,y)}{\partial x \partial y}=f(x,y)$.

反之,若已知联合概率密度函数$f(x,y)$,则$F(x,y) = \int_{-\infty}^{y}\int_{-\infty}^{x} f(u,v)\,\mathrm{d}u\mathrm{d}v$.

6)常用的二维连续型随机变量

①二维均匀分布.

设G是平面上的一个有界区域,其面积为S_G,若随机变量(X,Y)的概率密度为

$$f(x,y)=\begin{cases} \dfrac{1}{S_G}, (x,y \in G) \\ 0, \text{其他} \end{cases}$$

则称随机变量(X,Y)服从区域G上的二维均匀分布.

②二维正态分布.

如果二维随机变量(X,Y)的联合概率密度为

$$f(x,y)=\frac{1}{2\pi\sigma_1\sigma_2\sqrt{1-\rho^2}}e^{-\frac{1}{2(1-\rho^2)}\left[\frac{(x-\mu_1)^2}{\sigma_1^2}-2\rho\frac{(x-\mu_1)(x-\mu_2)}{\sigma_1\sigma_2}+\frac{(x-\mu_2)^2}{\sigma_2^2}\right]},-\infty<x,y<+\infty,$$

其中5个参数$\mu_1,\mu_2,\sigma_1,\sigma_2,\rho$均为常数,且$-\infty<\mu_1,\mu_2<+\infty,\sigma_1,\sigma_2>0,-1\leqslant\rho\leqslant 1$,则称$(X,Y)$服从二维正态分布,记为$(X,Y)\sim N(\mu_1,\mu_2,\sigma_1^2,\sigma_2^2,\rho)$.

2. 边缘分布与随机变量的独立性

1)边缘分布函数的定义

设二维随机变量的联合分布函数$F(x,y)$已知,则两个分量X和Y的分布函数可以由联合分布函数求得,有

$$F_X(x)=P\{X\leqslant x\}=P\{X\leqslant x,Y\leqslant+\infty\}=F(x,+\infty),$$

其中$-\infty\leqslant x\leqslant+\infty$,称$F_X(x)$为随机变量$X$的边缘分布函数;同理可得$F_Y(y)=F(+\infty,y)$,其中$-\infty\leqslant y\leqslant+\infty$,称$F_Y(y)$为随机变量$Y$的边缘分布函数.

2)边缘分布律的定义

设二维离散型随机变量(X,Y)的联合分布律为

$$P_{ij}=P\{X=x_i,Y=y_j\},i,j=1,2,\cdots,$$

则随机变量X的边缘分布律为

$$P\{X=x_i\}=\sum_{j=1}^{+\infty}P\{X=x_i,Y=y_j\}=\sum_{j=1}^{+\infty}p_{ij},i=1,2,\cdots,$$

简记为$P_{i.}$;随机变量Y的边缘分布律为

$$P\{Y=y_j\}=\sum_{i=1}^{+\infty}P\{X=x_i,Y=y_j\}=\sum_{i=1}^{+\infty}p_{ij},j=1,2,\cdots,$$

简记为$P_{.j}$.

3)边缘概率密度的定义

设二维连续型随机变量(X,Y)的联合概率密度为$f(x,y)$,则可以求出关于X的边缘分布函数

$$F_X(x)=P\{X\leqslant x\}=F(x,+\infty)=\int_{-\infty}^{x}\int_{-\infty}^{+\infty}f(u,v)\,\mathrm{d}u\mathrm{d}v=\int_{-\infty}^{x}\left[\int_{-\infty}^{+\infty}f(u,v)\,\mathrm{d}v\right]\mathrm{d}u,$$

对 $F_X(x)$ 求导可得 $f_X(x)=F'_X(x)=\int_{-\infty}^{+\infty}f(x,y)\,\mathrm{d}y$,称

$$f_X(x)=\int_{-\infty}^{+\infty}f(x,y)\,\mathrm{d}y,\ -\infty<x<+\infty$$

为随机变量 X 的边缘概率密度.

同理可得 Y 的边缘概率密度 $f_Y(y)=\int_{-\infty}^{+\infty}f(x,y)\,\mathrm{d}x,\ -\infty<y<+\infty$.

4)随机变量独立性的定义

设二维随机变量(X,Y)的联合分布函数为 $F(x,y)$,且 X 与 Y 的边缘分布函数为 $F_X(x)$,$F_Y(y)$,若对任意的一组取值(x,y),有 $F(x,y)=F_X(x)\cdot F_Y(y)$成立,则称随机变量 X 与 Y 是相互独立的.

随机变量独立性的定理:设(X,Y)为二维离散型随机变量,对任意的(x_i,y_j),离散型随机变量 X 与 Y 相互独立等价于 $P\{X=x_i,Y=y_j\}=P\{X=x_i\}\cdot P\{Y=y_j\}$. 设$(X,Y)$为二维连续型随机变量,对任意$(x,y)$,连续型随机变量 X 与 Y 相互独立等价于 $f(x,y)=f_X(x)\cdot f_Y(y)$.

对二维随机变量(X,Y)来说,$\rho=0$ 是 X 与 Y 相互独立的充要条件.

3. 二维随机变量函数的分布

1)二维离散型随机变量函数求分布律的方法

首先确定所有可能的取值,其次分别求出所有取值的概率,再进行整理,最后得到随机变量函数的分布律.

2)和分布定理

设二维连续型随机变量(X,Y)的联合概率密度为 $f(x,y)$,则 $Z=X+Y$ 的概率密度为

$$f_Z(z)=\int_{-\infty}^{+\infty}f(x,z-x)\,\mathrm{d}x\ 或\ f_Z(z)=\int_{-\infty}^{+\infty}f(z-y,y)\,\mathrm{d}y$$

若 X 与 Y 相互独立,其边缘概率密度分布为 $f_X(x)$ 和 $f_Y(y)$,则 $Z=X+Y$ 的概率密

度为$f_Z(z)=\int_{-\infty}^{+\infty} f_X(x)f_Y(z-x)\mathrm{d}x$或$f_Z(z)=\int_{-\infty}^{+\infty} f_X(z-y)f_Y(y)\mathrm{d}y$,并称这两个公式为卷积公式,记为$f_Z=f_X*f_Y$.

3)最大值和最小值的分布定理

设随机变量X与Y相互独立,其分布函数分别为$F_X(x)$和$F_Y(y)$,则$M=\max\{X,Y\}$和$N=\min\{X,Y\}$的分布函数分别为$F_M(z)=F_X(z)F_Y(z)$和$F_N(z)=1-[1-F_X(z)][1-F_Y(z)]$.

4. 二维随机变量函数的数学期望

设(X,Y)是二维随机变量,$Z=g(X,Y)$是连续函数.

①若(X,Y)是离散型随机变量,其联合概率分布律为:$P\{X=x_i,Y=y_j\}=p_{ij}(i=1,2,\cdots;j=1,2,\cdots)$,则有:

$$E(Z)=E(g(X,Y))=\sum_{i=1}^{\infty}\sum_{j=1}^{\infty} g(x_i,y_j)p_{ij}.$$

②若(X,Y)是连续型随机变量,其联合概率密度为$f(x,y)$,则有:

$$E(Z)=E(g(X,Y))=\int_{-\infty}^{+\infty}\int_{-\infty}^{+\infty} g(x,y)f(x,y)\mathrm{d}x\mathrm{d}y.$$

5. 协方差与相关系数

1)协方差与相关系数概念

协方差与相关系数是反映随机变量之间相互关系的数字特征.

2)协方差与相关系数定义

对于二维随机变量(X,Y),若$[(X-E(X))(Y-E(Y))]$的数学期望存在,则称它为随机变量X与Y的协方差,记为$\mathrm{Cov}(X,Y)$,即:

$$\mathrm{Cov}(X,Y)=E[(X-E(X))(Y-E(Y))].$$

显然有:$\mathrm{Cov}(X,Y)=E(XY)-E(X)E(Y)$和$D(X)=\mathrm{Cov}(X,X)$. 而称

$$\rho_{XY}=\frac{\mathrm{Cov}(X,Y)}{\sqrt{D(X)}\sqrt{D(Y)}}$$

为随机变量X与Y的相关系数.

3)协方差的性质

设 X,Y 为随机变量,a,b 是常数,则有:

①$\mathrm{Cov}(X,Y)=\mathrm{Cov}(Y,X)$;

②$D(X\pm Y)=D(X)+D(Y)\pm 2\mathrm{Cov}(X,Y)$;

③$\mathrm{Cov}(aX,bY)=ab\mathrm{Cov}(Y,X)$;

④$\mathrm{Cov}(X_1+X_2,Y)=\mathrm{Cov}(X_1,Y)+\mathrm{Cov}(X_2,Y)$.

4)相关系数的性质

随机变量 X 与 Y 的相关系数为 ρ_{XY},a,b 是常数,$a\neq 0$,则:

①$|\rho_{XY}|\leqslant 1$;

②$|\rho_{XY}|=1$ 的充分必要条件是存在常数 a,b 使得 $P\{Y=aX+b\}=1$.

二、典型题型练习

1. 二维随机变量(X,Y)的联合分布函数为

$$F(x,y)=A\left(B+\arctan\frac{x}{2}\right)\left(C+\arctan\frac{y}{3}\right),(x,y)\in\mathbf{R}^2.$$

试求:(1)系数 A,B,C;

(2)边缘分布函数.

2. 甲乙两人独立地各进行两次射击,假设甲的命中率为 0.2,乙的命中率为 0.5,以 X 和 Y 分别表示甲和乙的命中次数,试求 X 和 Y 的联合分布律.

3. 设二维随机变量(X,Y)的联合分布律如下表所示.

X	Y				
	0	1	2	3	4
0	0.10	0.08	0.06	0.01	0.02
1	0.07	0.11	0.12	0.06	0.07
2	0.05	0.09	0.09	0.04	0.03

计算以下概率:

(1)$P\{X=2\}$;

(2)$P\{X\leqslant 1,Y<3\}$;

(3)$P\{Y\geqslant 3\}$;

(4)$P\{X=Y\}$;

(5)$P\{X>Y\}$.

4. 设二维随机变量(X,Y)的分布函数为

$$F(x,y)=\begin{cases}(1-e^{-3x})(1-e^{-5y}),x\geqslant 0,y\geqslant 0\\0,其他\end{cases}.$$

求(X,Y)的联合概率密度$f(x,y)$.

5. 设有二元函数

$$f(x,y)=\begin{cases}\sin x\cos y,0\leqslant x\leqslant \pi,C\leqslant y\leqslant \dfrac{\pi}{2}\\0,其他\end{cases}.$$

其中,$C\geqslant 0$. 问C取何值时,$f(x,y)$是二维随机变量的概率密度?

6. 设二维随机变量(X,Y)的联合概率密度为

$$f(x,y)=\begin{cases}6(1-y),0<x<y<1\\0,其他\end{cases}.$$

试求:(1)$P\{X>0.5,Y>0.5\}$;

(2)$P\{X<0.5\}$;

(3)$P\{Y<0.5\}$.

7. 随机变量(X,Y)的联合概率密度是

$$f(x,y)=\begin{cases}C(x^2+y),0\leqslant y\leqslant 1-x^2\\0,其他\end{cases}.$$

试求:(1)常数C;

(2)$P\left\{0<X\leqslant\frac{1}{2}\right\}$;

(3)$P\{X=Y^2\}$.

8. 设二维随机变量(X,Y)的联合分布律如下表所示.

X	Y		
	1	2	3
1	$\frac{1}{6}$	$\frac{1}{9}$	$\frac{1}{18}$
2	$\frac{1}{3}$	a	b

问 a 和 b 取什么值时,X 与 Y 相互独立?

9. 设二维随机变量(X,Y)的联合概率密度为

$$f(x,y)=\begin{cases}Cxy^2, 0<x<1, 0<y<1\\ 0,\text{其他}\end{cases}.$$

试确定常数 C,并讨论 X 与 Y 是否相互独立.

10. 设二维随机变量(X,Y)的联合概率密度为

$$f(x,y)=\begin{cases}8xy,0\leqslant x\leqslant y\leqslant 1\\0,其他\end{cases}.$$

问X与Y是否相互独立?

11. 设随机变量X与Y相互独立,且其概率密度分别为

$$f_X(x)=\begin{cases}2x,0<x<1\\0,其他\end{cases} 和 f_Y(y)=\begin{cases}e^{-y},y>0\\0,y\leqslant 0\end{cases}.$$

试求:(1)X与Y的联合概率密度$f(x,y)$;

(2)$P\{X+Y\leqslant 2\}$.

12. 设二维随机变量(X,Y)的联合分布律如下表所示.

X	Y		
	1	2	3
1	$\frac{1}{4}$	$\frac{1}{4}$	$\frac{1}{8}$
2	$\frac{1}{8}$	0	0
3	$\frac{1}{8}$	$\frac{1}{8}$	0

求 $X+Y,2X,XY$ 的分布律 .

13. 设二维离散型随机变量(X,Y)的概率分布如下表所示,求 $Z=X^2+Y$ 的期望 .

X	Y	
	1	2
1	$\frac{1}{8}$	$\frac{1}{4}$
2	$\frac{1}{2}$	$\frac{1}{8}$

14. 设(X,Y)的联合密度为

$$f(x,y)=\begin{cases}kxy,0\leqslant x\leqslant 1,1\leqslant y\leqslant 3\\0,其他\end{cases}.$$

试求:(1)k;

(2)X,Y的边缘密度;

(3)$E(X)$和$E(Y)$.

15. 设$X\sim N(10,4)$,$Y\sim U[1,5]$,且X与Y相互独立,求$E(3X+2XY-Y+5)$.

16. 设相互独立的随机变量 X,Y 的密度函数分别为

$$f_1(x)=\begin{cases}2x,0\leqslant x\leqslant 1\\0,\text{其他}\end{cases},f_2(y)=\begin{cases}e^{-(y-5)},y\geqslant 5\\0,\text{其他}\end{cases}.$$

求 $E(XY)$.

17. 设随机变量 X,Y 独立且同服从参数为 λ 的泊松分布,令 $U=2X+Y,V=2X-Y$,求 U 和 V 的协方差及相关系数.

18. 设(X,Y)的概率密度为

$$f(x,y)=\begin{cases}x+y, & 0\leqslant x\leqslant 1,0\leqslant y\leqslant 1\\ 0, & \text{其他}\end{cases}.$$

求 $\mathrm{Cov}(X,Y)$.

19. 设 $D(X)=25$, $D(X)=36$，相关系数 $\rho_{XY}=0.4$，试求：$D(X+Y)$ 和 $D(X-Y)$.

20. 设(X,Y)为二维随机变量,$E(X)=E(Y)=0$,$E(X^2)=9$,$E(Y^2)=16$,$\rho_{XY}=0.2$,求$\mathrm{Cov}(X,Y)$.

三、能力提升

1. 设随机变量$Z\sim U(-2,2)$,令

$$X=\begin{cases}-1, & Z\leqslant -1\\ 1, & Z>-1\end{cases},\quad Y=\begin{cases}-1, & Z\leqslant 1\\ 1, & Z>1\end{cases}.$$

求二维随机变量(X,Y)的联合分布律.

2. 设二维随机变量(X,Y)的联合概率密度为

$$f(x,y)=\begin{cases}Cx^2y, x^2\leqslant y\leqslant 1\\0, 其他\end{cases}.$$

试求:(1)常数C;

(2)X的边缘概率密度$f_X(x)$;

(3)$P\{X\geqslant Y\}$.

3. 设二维随机变量(X,Y)的联合概率密度为

$$f(x,y)=\begin{cases}12\mathrm{e}^{-3x-4y}, x\geqslant 0, y\geqslant 0\\0, 其他\end{cases}.$$

试求:(1)(X,Y)的联合分布函数;

(2)$P\{0<X\leqslant 1, 0<Y\leqslant 2\}$.

4. 设随机变量 X 与 Y 相互独立,且 $X\sim U(0,2)$,$Y\sim \mathrm{Exp}(1)$.

试求:(1)$P\{-1<X<1,0<Y<2\}$;

(2)$P\{X+Y>1\}$.

5. 一个电子设备含有两个主要元件,分别以 X 和 Y 表示这两个主要元件的寿命(单位:h),若设其联合分布函数为

$$F(x,y)=\begin{cases}1-\mathrm{e}^{-0.01x}-\mathrm{e}^{-0.01y}+\mathrm{e}^{-0.01(x+y)}, & x\geqslant 0,y\geqslant 0\\ 0, & 其他\end{cases}.$$

试求这两个元件的寿命都超过 120 h 的概率.

6. 设二维随机变量(X,Y)的联合概率密度是

$$f(x,y)=\begin{cases}2e^{-(x+2y)}, & x>0,y>0\\0, & 其他\end{cases}.$$

求随机变量 $Z=X+2Y$ 的分布函数和概率密度.

7. 设二维随机变量$(X,Y)\sim N\left(1,3^2;0,4^2;-\dfrac{1}{2}\right)$,设 $Z=\dfrac{X}{3}+\dfrac{Y}{2}$.

试求:(1)Z 的数学期望和方差;

(2)X 与 Z 的相关系数.

8. 设 X,Y 服从同一分布,其分布律如下表所示.

X	-1	0	1
P	$\frac{1}{4}$	$\frac{1}{2}$	$\frac{1}{4}$

已知 $P\{|X|=|Y|\}=0$,问 X 和 Y 是否不相关？是否不独立？

9. 设随机变量(X,Y)的概率密度为

$$f(x,y)=\begin{cases}\dfrac{3}{2x^3y^2}, & \dfrac{1}{x}<y<x, x>1\\ 0, & 其他\end{cases}.$$

求数学期望 $E(Y)$ 和 $E\left(\frac{1}{XY}\right)$.

10. 设二维随机变量(X,Y)在以点$(0,1)$,$(1,0)$,$(1,1)$为顶点的三角形区域G上服从均匀分布,求随机变量$U=X+Y$的方差.

四、综合练习

1. 选择题.

(1)设X_1,X_2为任意两个连续型随机变量,它们的分布函数分别为$F_1(x)$,$F_2(x)$,概率密度函数分别为$f_1(x)$,$f_2(x)$,则(　　).

A. $F_1(x)+F_2(x)$必为某随机变量的分布函数

B. $F_1(x)-F_2(x)$必为某随机变量的分布函数

C. $f_1(x)f_2(x)$必为某随机变量的密度函数

D. $\frac{1}{3}f_1(x)+\frac{2}{3}f_2(x)$必为某随机变量的密度函数

(2)设随机变量X与Y相互独立,它们的概率分布均为$B\left(1,\frac{1}{2}\right)$,则有$P\{X=Y\}=$(　　).

A. 0　　B. $\frac{1}{4}$　　C. $\frac{1}{2}$　　D. 1

2. 填空题.

(1)已知随机变量 X 与 Y 相互独立,且 $X\sim U(0,1)$,$Y\sim U(0,2)$,则 $P\{X<Y\}=$ ____________.

(2)设二维随机变量(X,Y)的联合概率密度为 $f(x,y)=\begin{cases}6x,0\leqslant x\leqslant y\leqslant 1\\0,其他\end{cases}$,则 $P\{X+Y\leqslant 1\}=$ ____________.

3. 设随机变量 X 与 Y 相互独立,下表列出了随机变量的联合分布律及关于 X,Y 的边缘分布律中的部分数值,试将其余数值填入表中空白处.

X	Y			
	y_1	y_2	y_3	$P\{X=X_i\}=p_i$
x_1		$\frac{1}{8}$		
x_2	$\frac{1}{8}$			
$P\{Y=Y_j\}=p_j$	$\frac{1}{6}$			1

4. 对一个目标独立地射击两次,每次命中的概率为$\frac{1}{2}$,若 X 表示第一次射击时的命中次数,Y 表示第二次射击时的命中次数,试求 X 和 Y 的联合分布律.

5. 设二维随机变量(X,Y)的联合概率密度为

$$f(x,y)=\begin{cases}e^{-y},0<x<y\\0,其他\end{cases}.$$

试求:(1)随机变量X概率密度$f_X(x)$;

(2)$P\{X+Y\leqslant 1\}$.

6. 设二维随机变量(X,Y)的联合概率密度为

$$f(x,y)=\begin{cases}\frac{1}{12}e^{-\frac{x}{3}-\frac{y}{4}}, & x\geqslant 0,y\geqslant 0\\0, & 其他\end{cases}.$$

试求:(1)X,Y的边缘概率密度;

(2)X与Y是否独立?

7. 若已知 X,Y 的联合分布律如下表所示.

X	Y		
	-1	0	1
-1	$\frac{1}{8}$	$\frac{1}{8}$	$\frac{1}{8}$
0	$\frac{1}{8}$	0	$\frac{1}{8}$
1	$\frac{1}{8}$	$\frac{1}{8}$	$\frac{1}{8}$

讨论 $E(XY)$ 与 $E(X)E(Y)$ 的关系,并判断 X,Y 是否为两独立的随机变量.

8. 设二维随机变量 (X,Y) 的密度函数为

$$f(x,y)=\begin{cases}\frac{1}{4}x(1+3y^2),0<x<2,0<y<1\\0,\text{其他}\end{cases}.$$

求 $E(X),E(Y),E(X+Y),E(XY),E\left(\frac{Y}{X}\right)$.

9. 已知随机变量(X,Y)的联合密度函数为

$$f(x,y)=\begin{cases}\frac{8}{3},0<x-y<0.5,0<x,y<1\\0,\text{其他}\end{cases}.$$

求X,Y的协方差及相关系数.

五、考研试题精选

1. 选择题.

(1)(2005,数一)设二维随机变量(X,Y)的概率分布为

X	Y	
	0	1
0	0.4	a
1	b	0.1

已知随机事件$\{X=0\}$与$\{X+Y=1\}$相互独立,则(　　).

A. $a=0.2,b=0.3$　　B. $a=0.4,b=0.1$

C. $a=0.3,b=0.2$　　D. $a=0.1,b=0.4$

(2)(2012,数一)设随机变量X与Y相互独立,且分别服从参数为1和4的指数分布,则$P\{X<Y\}=$(　　).

A. $\frac{1}{5}$　　B. $\frac{1}{3}$　　C. $\frac{2}{3}$　　D. $\frac{4}{5}$

(3)(2012,数三)设随机变量 X 与 Y 相互独立,且都服从$(0,1)$上的均匀分布,则 $P\{X^2+Y^2\leqslant 1\}=(\quad)$.

A. $\frac{1}{4}$　　B. $\frac{1}{2}$　　C. $\frac{\pi}{8}$　　D. $\frac{\pi}{4}$

(4)(2019,数一、数三)设随机变量 X 与 Y 相互独立,且都服从正态分布 $N(\mu,\sigma^2)$,则 $P\{|X<Y|<1\}(\quad)$.

A. 与 μ 无关,与 σ^2 有关　　B. 与 μ 有关,与 σ^2 无关

C. 与 μ,σ^2 都有关　　D. 与 μ,σ^2 都无关

2. 填空题.

(2006,数一、数三)设随机变量 X 与 Y 相互独立,且均服从区间$[0,3]$上的均匀分布,则 $P\{\max\{X,Y\}\leqslant 1\}=$________.

3. (2017,数一、数三)设随机变量 X,Y 相互独立,且 X 的概率分布为 $P(X=0)=P(X=2)=\frac{1}{2}$,$Y$ 的概率密度为 $f(y)=\begin{cases}2y, & 0<y<1\\ 0, & \text{其他}\end{cases}$.

(1)求 $P\{Y\leqslant EY\}$;

(2)求 $Z=X+Y$ 的概率密度.

4.(2020,数三)设二维随机变量(X,Y)在区域$D=\{(x,y)\mid 0<y<\sqrt{1-x^2}\}$上服从均匀分布,令

$$Z_1=\begin{cases}1, X-Y>0\\0, X-Y\leqslant 0\end{cases}, Z_2=\begin{cases}1, X+Y>0\\0, X+Y\leqslant 0\end{cases}.$$

(1)求二维随机变量(Z_1,Z_2)的概率分布.

(2)求Z_1与Z_2的相关系数.

5.(2012,数一)设二维离散型随机变量的概率分布如下表所示.

X	Y		
	0	1	2
0	$\frac{1}{4}$	0	$\frac{1}{4}$
1	0	$\frac{1}{3}$	0
2	$\frac{1}{12}$	0	$\frac{1}{12}$

求:(1)$P\{X=2Y\}$;

(2)$\mathrm{Cov}(X-Y,Y)$.

6. (2001,数一、数三)将一枚硬币重复掷 n 次,以 X 和 Y 分别表示正面向上和反面向上的次数,求 X 和 Y 的协方差和相关系数.

7. (2012,数一)将长度为 1 m 的木棒截成两段,计算两段长度的相关系数.

第4章 大数定律

一、知识点梳理

贝努利大数定律以严密的形式证明了频率的稳定性，即当试验次数 n 很大时，事件发生的频率与概率有较大偏差的可能性很小，频率稳定在一个数附近．这说明可以用一个数来表示一个事件发生的可能性大小，进而由频率的性质启发和抽象给出了概率的定义，所以频率的稳定性是概率定义的基础．在实际应用中，当试验次数很多时，便可以用事件发生的频率来代替事件的概率．

中心极限定理表明，在相当一般的条件下，当独立随机变量的个数不断增加时，其和的分布趋于正态分布，也揭示了产生正态分布变量的原因及正态分布的重要性．另一方面，它提供了独立同分布随机变量和 $\sum_{i=1}^{n} X_i$（其中 X_i 的方差存在）的近似分布，只要和式中加项的数量充分大，就不必考虑和式中随机变量服从什么分布，都可以用正态分布来近似．

二、典型题型练习

1. 进行600次伯努利试验，事件 A 在每次试验中发生的概率为 $p=\frac{2}{5}$，设 Y 表示600次试验中事件 A 发生的总次数，利用切比雪夫不等式估计概率 $P\{216<Y<264\}$．

2. 若随机变量 $X_1, X_2, \cdots, X_{100}$ 相互独立且都服从区间 $(0,6)$ 上的均匀分布．设 $Y = \sum_{i=1}^{100} X_i$，利用切比雪夫不等式估计概率 $P\{260 < Y < 340\}$.

三、能力提升

1. 调整 200 台仪器的电压，假设调整电压过高的可能性为 0.5，利用切比雪夫不等式估计调整电压过高的仪器台数为 95~105 台的概率．

2. 某射手每次射击的命中率为 $p=0.8$,现射击 100 发子弹,各次射击互不影响,利用切比雪夫不等式估计命中次数为 72~88 的概率.

四、综合练习

1. 设某系统由 100 个相互独立的部件组成,每个部件损坏的概率均为 0.1,必须有 85 个以上的部件工作才能使整个系统正常工作,求整个系统正常工作的概率.

2. 对敌人阵地进行100次炮击,每次炮击时炮弹命中次数的数学期望为4,方差为2.25,求在100次炮击中有380~420颗炮弹命中目标的概率.

3. 一个加法器同时收到20个噪声电压 $V_1, V_2, \cdots, V_{20}$,设它们是相互独立的,且都在区间$(0,10)$上服从均匀分布,记 $V = \sum\limits_{i=1}^{20} V_i$,求概率 $P\{V \geqslant 105\}$.

4. 某个系统由相互独立的 n 个部件组成，每个部件的可靠性（即正常工作的概率）为0.9，且至少有80%的部件正常工作，才能使整个系统工作．问 n 至少为多大，才能使系统的可靠性为95%？

五、考研试题精选

1.（2005，数三）设随机变量 $X_1,X_2,\cdots,X_n$ 相互独立，$S_n=X_1+X_2+\cdots+X_n$，则根据列维林德伯格中心极限定理，当 n 充分大时，S_n 近似服从正态分布，只要 $X_1,X_2,\cdots,X_n$（　　）．

A. 有相同的数学期望　　B. 有相同的方差

C. 服从同一指数分布　　D. 服从同一离散分布

2.（2005，数三）设 $X_1,X_2,\cdots,X_n,\cdots$ 为独立同分布的随机变量列，且均服从参数为 $\lambda(\lambda>1)$ 的指数分布，记 $\phi(x)$ 为标准正态分布函数，则（　　）．

A. $\lim\limits_{n\to\infty}P\left\{\dfrac{\sum\limits_{i=1}^{n}X_1-n\lambda}{\lambda\sqrt{n}}\leqslant x\right\}=\phi(x)$　　B. $\lim\limits_{n\to\infty}P\left\{\dfrac{\sum\limits_{i=1}^{n}X_1-n\lambda}{\sqrt{n\lambda}}\leqslant x\right\}=\phi(x)$

C. $\lim\limits_{n\to\infty}P\left\{\dfrac{\lambda\sum\limits_{i=1}^{n}X_1-n}{\sqrt{n}}\leqslant x\right\}=\phi(x)$　　D. $\lim\limits_{n\to\infty}P\left\{\dfrac{\sum\limits_{i=1}^{n}X_1-\lambda}{\sqrt{n\lambda}}\leqslant x\right\}=\phi(x)$

第 5 章　样本及抽样分布

一、知识点梳理

1. 常用统计量

样本均值 $\overline{X}=\frac{1}{n}\sum_{i=1}^{n}X_i$

样本方差 $S^2=\frac{1}{n-1}\sum_{i=1}^{n}(X_i-\overline{X})^2=\frac{1}{n-1}\left(\sum_{i=1}^{n}X_i^2-n\overline{X}^2\right)$

样本标准差 $S=\sqrt{S^2}=\sqrt{\frac{1}{n-1}\sum_{i=1}^{n}(X_i-\overline{X})^2}$

样本 k 阶原点矩 $A_k=\frac{1}{n}\sum_{i=1}^{n}X_i^k,k=1,2,\cdots$

样本 k 阶中心矩 $B_k=\frac{1}{n}\sum_{i=1}^{n}(X_i-\overline{X})^k,k=2,3,\cdots$

2. 常用统计量的分布

1)χ^2 分布

$X_1,X_2,\cdots,X_n$ 是来自 $N(0,1)$ 总体的随机样本，统计量$\chi^2=X_1^2+X_2^2+\cdots+X_n^2$ 服从自由度为 n 的χ^2 分布，记为$\chi^2\sim\chi^2(n)$.

设$\chi_1^2\sim\chi^2(n_1)$，$\chi_2^2\sim\chi^2(n_2)$，χ_1^2，χ_2^2 相互独立，则$\chi_1^2+\chi_2^2\sim\chi^2(n_1+n_2)$.

2)t 分布

若 $X\sim N(0,1)$，$Y\sim\chi^2(n)$，并且 X，Y 相互独立，则随机变量 $t=\frac{X}{\sqrt{\frac{Y}{n}}}$服从自由度为 n 的 t 分布，记为 $t\sim t(n)$.

t 分布的性质：$t_\alpha(n)=t_{1-\alpha}(n)$.

3)F 分布

设 $U \sim \chi^2(n_1)$，$V \sim \chi^2(n_2)$，并且 U,V 相互独立，则随机变量 $F=\dfrac{\frac{U}{n_1}}{\frac{V}{n_2}}$ 服从自由度为 (n_1,n_2) 的 F 分布，记为 $F \sim F(n_1,n_2)$.

F 分布的性质：$F_{1-\alpha}(n_1,n_2)=\dfrac{1}{F_{\alpha}(n_2,n_1)}$.

3. 关于正态总体的样本和方差的定理

定理 1 设 $X_1,X_2,\cdots,X_n$ 是来自 $N(\mu,\sigma^2)$ 总体的样本，$\overline{X}$ 是样本均值，S^2 为样本方差，则有：

(1) $\overline{X} \sim N\left(\mu,\dfrac{\sigma^2}{n}\right)$；

(2) $\dfrac{(n-1)S^2}{\sigma^2} \sim \chi^2(n-1)$；

(3) $\overline{X}$ 与 S^2 相互独立；

(4) $\dfrac{\overline{X}-\mu}{\frac{S}{\sqrt{n}}} \sim t(n-1)$.

定理 2 设 $X_1,X_2,\cdots,X_{n_1}$ 与 $Y_1,Y_2,\cdots,Y_{n_2}$ 分别是两个总体 $N(\mu_1,\sigma_1^2)$，$N(\mu_2,\sigma_2^2)$ 的样本，$\overline{X}=\dfrac{1}{n_1}\sum\limits_{i=1}^{n_1}X_i$，$\overline{Y}=\dfrac{1}{n_2}\sum\limits_{i=1}^{n_2}Y_i$ 分别是两个样本的均值，$S_1^2=\dfrac{1}{n_1-1}\sum\limits_{i=1}^{n_1}(X_i-\overline{X})^2$，$S_2^2=\dfrac{1}{n_2-1}\sum\limits_{i=1}^{n_2}(Y_i-\overline{Y})^2$ 分别是两个样本的方差，则有：

(1) $\overline{X}-\overline{Y} \sim N\left(\mu_1-\mu_2,\dfrac{\sigma_1^2}{n_1}+\dfrac{\sigma_2^2}{n_2}\right)$；

(2) $\dfrac{\frac{S_1^2}{S_2^2}}{\frac{\sigma_1^2}{\sigma_2^2}} \sim F(n_1-1,n_2-1)$；

(3)若 $\sigma_1^2=\sigma_2^2=\sigma^2$,则有

$$\frac{(\overline{X}-\overline{Y})-(\mu_1-\mu_2)}{S_w\sqrt{\frac{1}{n_1}+\frac{1}{n_2}}}\sim t(n_1+n_2-2),\text{其中 } S_w^2=\frac{(n_1-1)S_1^2+(n_2-1)S_2^2}{n_1+n_2-2},S_w=\sqrt{S_w^2}.$$

二、典型题型练习

1. 样本 X_1,X_2,X_3,X_4 来自正态总体 $X\sim N(\mu,\sigma^2)$,μ 已知,σ^2 未知,下列随机变量中不能作为统计量的是(　　).

A. $\overline{X}=\frac{1}{4}\sum_{i=1}^{4}X_i$　　　　B. $X_1+X_2-2\mu$

C. $\chi^2=\frac{1}{\sigma^2}\sum_{i=1}^{4}(X_i-\overline{X})^2$　　　　D. $S^2=\frac{1}{3}\sum_{i=1}^{4}(X_i-\overline{X})^2$

2. 总体 $X\sim N(\mu,\sigma^2)$,$X_1,X_2,\cdots,X_{20}$ 是 X 的样本. 令 $Y=3\sum_{i=1}^{10}X_i-4\sum_{i=11}^{20}X_i$,则 Y 服从________分布.

三、能力提升

1. 设总体 $X\sim N(0,1)$,$X_1,X_2,\cdots,X_6$ 为取自总体 X 的样本,令

$$Y=(X_1+X_2+X_3)^2+(X_4+X_5+X_6)^2,$$

求常数 C,使 $CY\sim\chi^2$.

2. 设 X_1,X_2 是来自总体 $N(0,\sigma^2)$ 的样本，则 $Y=\left(\dfrac{X_1+X_2}{X_1-X_2}\right)^2$ 服从________分布.

四、综合练习

1. 样本 $X_1,X_2,\cdots,X_5$ 来自正态总体 $X\sim N(0,1)$，若 $\dfrac{C(X_1+X_2)}{\sqrt{X_3^2+X_4^2+X_5^2}}$ 服从 t 分布，则常数 $C=$________.

2. 设随机变量 X,Y 相互独立，均服从 $N(0,3^2)$. $X_1,X_2,\cdots,X_9$；$Y_1,Y_2,\cdots,Y_9$ 分别是来自总体 X,Y 的简单随机样本，则统计量 $U=\dfrac{X_1+\cdots+X_9}{\sqrt{Y_1^2+\cdots+Y_9^2}}$ 服从________分布.

五、考研试题精选

1. (2006,数三)设总体 X 的概率密度为 $f(x)=\dfrac{1}{2}e^{-|x|}(-\infty<x<+\infty)$，$X_1,X_2,\cdots,X_n$ 为总体 X 的简单随机样本，样本方差为 S^2，则 $E(S^2)=$________.

2. (2014,数三)设 X_1,X_2,X_3 为来自正态总体 $N(0,\sigma^2)$ 的简单随机样本，则统计量 $S=\dfrac{X_1-X_2}{\sqrt{2}|X_3|}$ 服从________分布.

第6章　参数估计

一、知识点梳理

1. 总体矩与样本矩

设 $X_1, X_2, \cdots, X_n$ 是来自总体 X 的简单随机样本，称 $\mu_k = E(X^k)\ (k=1,2,\cdots)$ 为总体 k 阶原点矩，称 $A_k = \frac{1}{n}\sum_{i=1}^{n} X_i^k (k=1,2,\cdots)$ 为样本 k 阶原点矩；称 $v_k = E(X-EX)^k$ $(k=1,2,\cdots)$ 为总体 k 阶中心矩，称 $B_k = \frac{1}{n}\sum_{i=1}^{n}(X_i - \overline{X})^k (k=1,2,\cdots)$ 为样本 k 阶中心矩.

2. 参数的点估计

参数的点估计的定义：总体 X 的分布形式已知，但含有未知参数 θ；或者总体的某个数字特征（如期望或方差）存在但未知，从总体 X 中取出样本 $X_1, X_2, \cdots, X_n$，相应的样本值为 $x_1, x_2, \cdots, x_n$，构造一个适当的统计量 $\hat{\theta}(X_1, X_2, \cdots, X_n)$，用其统计值 $\hat{\theta}(x_1, x_2, \cdots, x_n)$ 作为参数 θ 的估计值，则称 $\hat{\theta}(X_1, X_2, \cdots, X_n)$ 为 θ 的点估计量，$\hat{\theta}(x_1, x_2, \cdots, x_n)$ 为 θ 的点估计值. 借助于样本给出未知参数的一个具体数值的参数估计问题就是点估计.

3. 矩估计

矩估计的思想：用样本矩来估计总体矩.

设总体 X 为离散型随机变量，其概率分布律为 $P\{X=x_i\} = p(x_i; \theta_1, \theta_2, \cdots, \theta_k)$ $(i=1,2,\cdots)$ 或设总体 X 为连续型随机变量，其概率密度为 $f(x_i; \theta_1, \theta_2, \cdots, \theta_k)$，其中 $\theta_1, \theta_2, \cdots, \theta_k$ 为待估参数. 设 $X_1, X_2, \cdots, X_n$ 是来自总体 X 的简单随机样本，则估计参数 $\theta_1, \theta_2, \cdots, \theta_k$ 的矩估计法一般按以下步骤进行.

第一步：计算总体 X 的前 k 阶原点矩（或中心矩），即计算 $\mu_k = E(X^k) = \sum_{i=1}^{n} X_i^k p(x_i;\theta_1,\theta_2,\cdots,\theta_k)$（离散）或 $\mu_k = E(X^k) = \int_{-\infty}^{+\infty} x^k f(x;\theta_1,\theta_2,\cdots,\theta_k)\mathrm{d}x$（连续）.

第二步：令样本矩估计原点矩 $E(X^k) = \frac{1}{n}\sum_{i=1}^{n} X_i^k$.

第三步：求解上述方程，得到 $\theta_i(i=1,2,\cdots,k)$ 的矩估计量 $\hat{\theta}_i=\hat{\theta}_i(X_1,X_2,\cdots,X_n)$ $(i=1,2,\cdots,k)$，矩估计值为 $\hat{\theta}_i=\hat{\theta}_i(x_1,x_2,\cdots,x_n)(i=1,2,\cdots,k)$.

4. 最大似然估计

1）总体 X 是离散型的似然函数

$$L(\theta)=L(x_1,x_2,\cdots,x_n;\theta)=\prod_{i=1}^{n} p(x_i;\theta),\theta\in\Theta.$$

2）总体 X 是连续型的似然函数

$$L(\theta)=L(x_1,x_2,\cdots,x_n;\theta)=\prod_{i=1}^{n} f(x_i;\theta).$$

3）设总体 X 为离散型随机变量，其概率分布律为 $P\{X=x_i\}=p(x_i;\theta_1,\theta_2,\cdots,\theta_k)$ $(i=1,2,\cdots)$ 或设总体 X 为连续型随机变量，其概率密度为 $f(x_i;\theta_1,\theta_2,\cdots,\theta_k)$，其中 $\theta_1,\theta_2,\cdots,\theta_k$ 为待估参数．设 $X_1,X_2,\cdots,X_n$ 是来自总体 X 的简单随机样本，则估计参数 $\theta_1,\theta_2,\cdots,\theta_k$ 的最大似然估计法一般按以下步骤进行．

第一步：写出似然函数 $L(\theta)$；

第二步：对似然函数取对数 $\ln L(\theta)$；

第三步：求偏导数 $\frac{\partial \ln L}{\partial \theta_i}(i=1,2,\cdots,k)$；

第四步：判断方程组 $\frac{\partial \ln L}{\partial \theta_i}=0(i=1,2,\cdots,k)$ 是否有解．若有解，则可求得 $\theta_i(i=1,2,\cdots,k)$ 的最大似然估计量及估计值；若无解，则最大似然估计量及估计值在 $\theta_i(i=1,2,\cdots,k)$ 的边界上取到．

注：$\max L(\theta)=L(x_1,x_2,\cdots,x_n;\hat{\theta})$ 所对应的 $\hat{\theta}=\hat{\theta}(X_1,X_2,\cdots,X_n)$ 称为 θ 的最大似然估计量，$\hat{\theta}=\hat{\theta}(x_1,x_2,\cdots,x_n)$ 称为最大似然估计值．

5. 点估计量的评价标准

1)无偏性

设$\hat{\theta}=\hat{\theta}(X_1,X_2,\cdots,X_n)$为$\theta$的点估计量,若$E(\hat{\theta})=\theta$,则称$\hat{\theta}$为$\theta$的无偏估计量.

2)有效性

设$\hat{\theta}_1$与$\hat{\theta}_2$均为θ的无偏估计量,若$D(\hat{\theta}_1)<D(\hat{\theta}_2)$,则称$\hat{\theta}_1$比$\hat{\theta}_2$更有效.

3)一致性

设$\hat{\theta}$为θ的无偏估计量,若$\forall\varepsilon>0$,有$\lim\limits_{n\to\infty}P\{|\hat{\theta}-\theta|<\varepsilon\}=1$,则称$\hat{\theta}$是$\theta$的一致估计量.

6. 区间估计

1)双侧置信区间

设总体X的分布函数$F(x;\theta)$含有一个未知参数θ,给定值$\alpha(0<\alpha<1)$,若来自总体X的样本$X_1,X_2,\cdots,X_n$确定了两个统计量$\hat{\theta}_1=\hat{\theta}_1(X_1,X_2,\cdots,X_n)$和$\hat{\theta}_2=\hat{\theta}_2(X_1,X_2,\cdots,X_n)$,且有$P\{\hat{\theta}_1<\theta<\hat{\theta}_2\}\geqslant 1-\alpha$,则称随机区间$(\hat{\theta}_1,\hat{\theta}_2)$是$\theta$的置信水平为$1-\alpha$的置信区间,$\hat{\theta}_1$和$\hat{\theta}_2$分别称为置信水平$1-\alpha$的双侧置信区间的置信下限和置信上限,$1-\alpha$称为置信水平或置信度.

2)单侧置信区间

对于给定值$\alpha(0<\alpha<1)$,若来自总体X的样本$X_1,X_2,\cdots,X_n$确定了统计量$\hat{\theta}_1=\hat{\theta}_1(X_1,X_2,\cdots,X_n)$(或$\hat{\theta}_2=\hat{\theta}_2(X_1,X_2,\cdots,X_n)$),满足$P\{\hat{\theta}_1<\theta\}\geqslant 1-\alpha$(或$P\{\theta<\hat{\theta}_2\}\geqslant 1-\alpha$),则称随机区间$(\hat{\theta}_1,+\infty)$(或$(-\infty,\hat{\theta}_2)$)是$\theta$的置信水平为$1-\alpha$的单侧置信区间.

7. 单个正态总体均值和方差的置信区间

1)均值μ的置信区间

①σ^2已知.

μ的置信水平$1-\alpha$的置信区间$\left(\overline{X}\pm\dfrac{\sigma}{\sqrt{n}}z_{\frac{\alpha}{2}}\right)$.

②σ^2未知.

μ 的置信水平 $1-\alpha$ 的双侧置信区间$\left(\overline{X}\pm\frac{S}{\sqrt{n}}t_{\frac{\alpha}{2}}(n-1)\right)$.

2)方差 σ^2 的置信区间

μ 未知,方差 σ^2 的置信水平 $1-\alpha$ 的双侧置信区间$\left(\frac{(n-1)S^2}{\chi^2_{\frac{\alpha}{2}}(n-1)},\frac{(n-1)S^2}{\chi^2_{1-\frac{\alpha}{2}}(n-1)}\right)$,

标准差 σ 的置信水平 $1-\alpha$ 的置信区间$\left(\frac{\sqrt{n-1}S}{\sqrt{\chi^2_{\frac{\alpha}{2}}(n-1)}},\frac{\sqrt{n-1}S}{\sqrt{\chi^2_{1-\frac{\alpha}{2}}(n-1)}}\right)$.

8. 两个正态总体均值和方差的置信区间

1)两个总体均值差 $\mu_1-\mu_2$ 置信区间

①σ_1^2 和 σ_2^2 均为已知.

$\mu_1-\mu_2$ 的置信水平 $1-\alpha$ 的双侧置信区间$\left(\overline{X}-\overline{Y}\pm z_{\frac{\alpha}{2}}\sqrt{\frac{\sigma_1^2}{n_1}+\frac{\sigma_2^2}{n_2}}\right)$.

②σ_1^2 和 σ_2^2 均为未知.

$$\left(\overline{X}-\overline{Y}\pm z_{\frac{\alpha}{2}}\sqrt{\frac{S_1^2}{n_1}+\frac{S_2^2}{n_2}}\right).$$

③$\sigma_1^2=\sigma_2^2=\sigma^2$,但 σ^2 未知.

$\mu_1-\mu_2$ 的置信水平 $1-\alpha$ 的双侧置信区间$\left(\overline{X}-\overline{Y}\pm t_{\frac{\alpha}{2}}(n_1+n_2-2)S_w\sqrt{\frac{1}{n_1}+\frac{1}{n_2}}\right)$,其中

$$S_w^2=\frac{(n_1-1)S_1^2+(n_2-1)S_2^2}{n_1+n_2-2},S_w=\sqrt{S_w^2}.$$

2)两个总体方差$\frac{\sigma_1^2}{\sigma_2^2}$的置信区间

两个总体矩阵 μ_1,μ_2 为未知,$\frac{\sigma_1^2}{\sigma_2^2}$的置信水平 $1-\alpha$ 的双侧置信区间

$$\left(\frac{\dfrac{S_1^2}{S_2^2}}{F_{\frac{\alpha}{2}}(n_1-1,n_2-1)},\frac{\dfrac{S_1^2}{S_2^2}}{F_{1-\frac{\alpha}{2}}(n_1-1,n_2-1)}\right).$$

二、典型题型练习

1. 设总体 $X\sim\exp(\lambda)$，若测得 X 的一组观测值为

5.2	4.8	4.9	5.3	4.7	5.0	5.1	5.4	5.2	4.9

求出 λ 的矩估计值.

2. 设总体 $X\sim U(0,\theta)$，现从该总体中抽取容量为 10 的样本，样本值为

0.5	1.3	0.6	1.7	2.2	1.2	0.8	1.5	2.0	1.6

试对参数 θ 给出矩估计.

3. 设总体 X 的概率分布为 $P\{X=k\}=(k-1)\theta^2(1-\theta)^{k-2}, k=2,3,\cdots,0<\theta<1$；$X_1,X_2,\cdots,X_n$ 为来自该总体的简单随机样本，求 θ 的矩估计量.

4. 设总体 X 的概率分布为

X	0	1	2	3
P	θ^2	$2\theta(1-\theta)$	θ^2	$1-2\theta$

其中 $\theta\left(0<\theta<\frac{1}{2}\right)$ 是未知参数，利用总体 X 的如下样本值：

$$3,1,3,0,3,1,2,3$$

求 θ 的矩估计值和最大似然估计值.

5. 设总体 X 的概率分布为 $P\{X=k\}=\dfrac{1}{\theta}(k=0,1,2,\cdots,\theta)$，$\theta$(正整数)是未知参数，$X_1,X_2,\cdots,X_n$ 为来自该总体的简单随机样本，求 θ 的矩估计量．

6. 设总体 X 在区间 $[a,b]$ 上服从均匀分布，求 a 与 b 的矩估计．

7. 设总体 X 的概率密度函数为 $f(x,\theta)=\begin{cases}\theta e^{-\theta x}, x>0\\0, x\leqslant 0\end{cases}$, $X_1,X_2,\cdots,X_n$ 为来自该总体的简单随机样本,求 θ 的矩估计量.

8. 设 $x_1,x_2,\cdots,x_n$ 为来自总体的一组样本观测值,设 X 的概率密度为

$$f(x,\theta)=\begin{cases}e^{-(x-\theta)}, x\geqslant\theta\\0, x<0\end{cases},$$

其中 θ 未知,证明:θ 是最大似然估计值为 $\hat{\theta}=\min\limits_{1\leqslant\theta\leqslant n}|x_i|$.

9. 设 $X_1,X_2,\cdots,X_n$ 是来自总体 X 的样本，且已知 $E(X)=\mu$. 证明：$\hat{\sigma}^2=\frac{1}{n}\sum_{i=1}^{n}(X_i-\mu)^2$ 是 $D(X)=\sigma^2$ 的无偏估计.

10. 设总体 $X\sim N(\mu,1)$，X_1,X_2 是总体 X 的样本，试证估计量 $\hat{\mu}_1=\frac{2}{3}X_1+\frac{1}{3}X_2$，$\hat{\mu}_2=\frac{1}{4}X_1+\frac{3}{4}X_2$，$\hat{\mu}_3=\frac{1}{2}X_1+\frac{1}{2}X_2$ 都是 μ 的无偏估计，并求哪个估计量的方差最小.

11. 设 $X_1,X_2,\cdots,X_n$ 是来自总体 X 的样本,总体均值 $E(X)=\mu$ 存在,总体方差 $D(X)=\sigma^2\neq 0$,试证明 $\overline{X}^2$ 不是 μ^2 的无偏估计.

12. 设某种清漆的干燥时间 $X\sim N(\mu,\sigma^2)$(单位:h). 现有 9 个样本观测值:6.0,5.7,5.8,6.6,7.0,6.3,5.6,6.1,5.0,求 μ 的置信度为 0.95 的以下两种情况的置信区间.

(1)已知 $\sigma=0.6$ h;

(2)σ 未知.

13. 设某种炮弹的出炮口速度 $X \sim N(\mu, \sigma^2)$(单位:m/s),随机抽取 9 发炮弹做试验,测得出炮口速度的样本标准差 $S=11$ m/s,求这种炮弹出炮口速度方差 σ^2 的置信度为 0.95 的置信区间.

14. 已知某种木材横纹抗压力的实验值服从正态分布,对 10 个试件做横纹抗压力实验,得到如下实验数据(单位:MPa):

48.2　49.3　45.7　47.1　51.0　44.6　43.5　41.8　39.4　46.9

试对该木材平均横纹抗压力进行区间估计($\alpha=0.05$).

三、能力提升

1. 甲、乙两个校对员彼此独立地对同一本书的样稿进行校对，校完后，甲发现 a 个错字，乙发现 b 个错字，其中共同发现的错字有 c 个，试用矩估计方法给出如下两个未知参数的估计：

(1)该书样稿的总错字个数；

(2)未被发现的错字个数.

2. 一地质学家为研究密歇根湖的湖滩地区岩石成分，随机地自该地区取 100 个样品，每个样品有 10 块石子，记录了每个样品中属于石灰石的石子数. 假设这 100 次观察相互独立，求这个地区石子中石灰石的比例 p 的最大似然估计. 该地质学家所得的数据如下：

样品中的石子数	0	1	2	3	4	5	6	7	8	9	10
样品个数	0	1	6	7	23	26	21	12	3	1	0

3. (1) 设 $X_1, X_2, \cdots, X_n$ 为来自总体 X 的简单随机样本，且 $X \sim \pi(\lambda)$，求 $P\{X=0\}$ 的最大似然估计值.

(2) 某铁路局证实一个扳道员在五年内所引起的严重事故的次数服从泊松分布. 求一个扳道员在 5 年内未引起严重事故的概率 p 的最大似然估计. 使用下面 122 个观测值，下表中 r 表示一扳道员 5 年中引起严重事故的次数. s 表示观察到的扳道员人数.

r	0	1	2	3	4	5
s	44	42	21	9	4	2

4. 设 $X_1, X_2, \cdots, X_n$ 为来自正态总体 $N(\mu, 1)$ 的样本，μ 未知，求 μ 和 $\theta = P\{X>2\}$ 的最大似然估计值.

5. 设 $x_1,x_2,\cdots,x_n$ 为来自总体 $b(m,\theta)$ 的样本，又 $\theta=\frac{1}{3}(1+\beta)$，求 β 的最大似然估计值.

6. 设总体 $X\sim N(\mu,\sigma^2)$，$X_1,X_2,\cdots,X_n$ 为其样本，试求 C，使得 $C\cdot\sum_{i=1}^{n-1}(X_{i+1}-X_i)^2$ 为 σ^2 的无偏估计.

四、综合练习

1. Pareto 分布常用在研究收入的模型中，它具有分布函数：

$$F(x;\theta_1,\theta_2)=\begin{cases}1-\left(\dfrac{\theta_1}{x}\right)^{\theta_2},x\geqslant\theta_1,\theta_1>0,\theta_2>0\\0,\text{其他}\end{cases}.$$

若 $X_1,X_2,\cdots,X_n$ 是此分布的简单随机样本，求 θ_1 和 θ_2 的最大似然估计.

2. 设 $X_1,X_2,\cdots,X_n$ 是来自总体 X 的样本，总体 X 服从指数分布，其概率密度函数为 $f(x;\theta)=\begin{cases}\dfrac{1}{\theta}\mathrm{e}^{-\frac{x}{\theta}},x>0\\0,x\leqslant0\end{cases}$.

试证明 $\overline{X}$ 与 $nZ=n\cdot\min\{X_1,X_2,\cdots,X_n\}$ 都是未知参数的无偏估计.

3. 假设 X 在 $(\theta,\theta+1)$ 上服从均匀分布，$X_1,X_2,\cdots,X_n$ 是来自总体 X 的简单随机样本.

(1)求参数 θ 的矩估计量和最大似然估计量；

(2)试证明 $\hat{\theta}=\overline{X}-\frac{1}{2}$ 都是 θ 的无偏估计量.

4. 若从自动车床加工的一批零件中随机抽取 10 件，测得其尺寸与规定尺寸的偏差(单位：μm)分别为 2,1,-2,3,2,4,-2,5,3,4. 零件尺寸的偏差记作 X 服从正态 $N(\mu,\sigma^2)$ 分布，求 μ 与 σ 的无偏估计值，以及 μ 与 σ^2 置信水平为 0.9 的区间估计.

5. 设电话总机在某段时间内接到呼唤的次数服从参数 λ 未知的泊松分布。现在收集了 42 个数据：

接到呼叫次数	0	1	2	3	4	5
出现的频数	7	10	12	8	3	2

请用极大似然法估计未知参数 λ.

五、考研试题精选

1. (2009,数一) 设 $X_1,X_2,\cdots,X_n$ 为来自二项分布总体 $B(n,p)$ 的简单随机样本,$\overline{X}$ 和 S^2 分别为样本均值和样本方差. 若 $\overline{X}+kS^2$ 为 np^2 的无偏估计量,则 $k=$________.

2. (2016,数一) 设 $x_1,x_2,\cdots,x_n$ 为来自总体 $N(\mu,\sigma^2)$ 的简单随机样本,样本均值 $\overline{x}=9.5$,参数 μ 的置信度为 0.95 的双侧置信区间的置信上限为 10.8,则 μ 的置信度为 0.95 的双侧置信区间为________.

3. (2006,数三) 设总体 X 的概率密度函数为

$$f(x,\theta)=\begin{cases}\theta,0<x<1\\1-\theta,1\leqslant x<2\\0,\quad 其他\end{cases}.$$

其中 θ 是未知参数$(0<\theta<1)$,$X_1,X_2,\cdots,X_n$ 为来自总体 X 的简单随机样本,记 N 为样

本值 $x_1,x_2,\cdots,x_n$ 中小于 1 的个数．求 θ 的最大似然估计．

4.（2007，数一、数三）设总体 X 的概率密度函数为

$$f(x,\theta)=\begin{cases}\dfrac{1}{2\theta},0<x<\theta\\ \dfrac{1}{2(1-\theta)},\theta\leqslant x<1\\ 0,其他\end{cases}.$$

其中 θ 是未知参数（$0<\theta<1$），$X_1,X_2,\cdots,X_n$ 为来自总体 X 的简单随机样本，$\overline{X}$ 为样本均值．

（1）求参数 θ 的矩估计量 $\hat{\theta}$；

（2）判断 $4\overline{X}^2$ 是否为 θ^2 的无偏估计，并说明理由．

5.(2012,数一)设随机变量 X 与 Y 相互独立且分别服从正态分布 $N(\mu,\sigma^2)$ 与 $N(\mu,2\sigma^2)$,其中 σ 是未知参数且 $\sigma>0$,记 $Z=X-Y$.

(1)求 Z 的概率密度 $f(z;\sigma^2)$;

(2)设 $Z_1,Z_2,\cdots,Z_n$ 为来自总体 Z 的简单随机样本,求 σ^2 的最大似然估计量 $\hat{\sigma}^2$.

(3)证明 $\hat{\sigma}^2$ 为 σ^2 的无偏估计量.

6.(2014,数一)设总体 X 分布函数为

$$F(x;\theta)=\begin{cases}1-\mathrm{e}^{-\frac{x^2}{\theta}},x\geqslant 0\\0,x<0\end{cases}.$$

其中 θ 是未知参数且大于零,$X_1,X_2,\cdots,X_n$ 为来自总体 X 的简单随机样本.

(1)求 EX 与 EX^2;

(2)求 θ 的最大似然估计量 $\hat{\theta}_n$.

(3)是否存在实数 a,使得对任何 $\varepsilon>0$,都有 $\lim\limits_{n\to\infty}P\{|\hat{\theta}_n-a|\geqslant\varepsilon\}=0$.

7. (2008，数一) 设 $X_1,X_2,\cdots,X_n$ 是总体 $N(\mu,\sigma^2)$ 的简单随机样本，记 $\overline{X}=\frac{1}{n}\sum_{i=1}^{n}X_i,S^2=\frac{1}{n-1}\sum_{i=1}^{n}(X_i-\overline{X})^2,T=\overline{X}^2-\frac{1}{n}S^2$.

(1) 证明 T 是 μ^2 的无偏估计量；

(2) 当 $\mu=0,\sigma=1$ 时，求 DT.

第 7 章　假设检验

一、知识点梳理

1. 两类错误

真实情况(未知)	所作决策	
	接受 H_0	拒绝 H_0
H_0 为真	正确	犯第一类错误(弃真)
H_0 不真	犯第二类错误(取伪)	正确

2. 假设检验的一般步骤

第 1 步:根据问题要求提出原假设 H_0 和备择假设 H_1;

第 2 步:给出显著性水平 α 及样本容量 n;

第 3 步:确定检验统计量及拒绝域;

第 4 步:根据样本值计算检验统计量的观测值,若观测值落入拒绝域,则拒绝原假设 H_0,否则接受原假设.

3. 正态总体均值的假设检验

检验参数	情形	假设		拒绝域	检验统计量	H_0 为真时检验统计量的分布
		H_0	H_1			
μ	σ^2 已知	$\mu=\mu_0$	$\mu\neq\mu_0$	$\lvert Z\rvert\geqslant z_{\frac{\alpha}{2}}$	$Z=\dfrac{\overline{X}-\mu_0}{\dfrac{\sigma}{\sqrt{n}}}$	$N(0,1)$
		$\mu\leqslant\mu_0$	$\mu>\mu_0$	$Z\geqslant z_\alpha$		
		$\mu\geqslant\mu_0$	$\mu<\mu_0$	$Z\leqslant -z_\alpha$		
	σ^2 未知	$\mu=\mu_0$	$\mu\neq\mu_0$	$\lvert t\rvert\geqslant t_{\frac{\alpha}{2}}(n-1)$	$t=\dfrac{\overline{X}-\mu_0}{\dfrac{s}{\sqrt{n}}}$	$t(n-1)$
		$\mu\leqslant\mu_0$	$\mu>\mu_0$	$t\geqslant t_{\frac{\alpha}{2}}(n-1)$		
		$\mu\geqslant\mu_0$	$\mu<\mu_0$	$t\leqslant -t_{\frac{\alpha}{2}}(n-1)$		

续表

检验参数	情形	假设		拒绝域	检验统计量	H_0 为真时检验统计量的分布
		H_0	H_1			
$\mu_1-\mu_2$	σ_1^2 已知 σ_2^2 已知	$\mu_1-\mu_2=\mu_0$	$\mu_1-\mu_2\neq\mu_0$	$\|Z\|\geqslant z_{\frac{\alpha}{2}}$	$Z=\dfrac{\overline{X}-\overline{Y}-\mu_0}{\sqrt{\dfrac{\sigma_1^2}{n_1}+\dfrac{\sigma_2^2}{n_2}}}$	$N(0,1)$
		$\mu_1-\mu_2\leqslant\mu_0$	$\mu_1-\mu_2>\mu_0$	$Z\geqslant z_\alpha$		
		$\mu_1-\mu_2\geqslant\mu_0$	$\mu_1-\mu_2<\mu_0$	$Z\leqslant -z_\alpha$		
	σ_1^2 未知 σ_2^2 未知 $\sigma_1^2=\sigma_2^2$	$\mu_1-\mu_2=\mu_0$	$\mu_1-\mu_2\neq\mu_0$	$\|t\|\geqslant t_{\frac{\alpha}{2}}(n_1-n_2-1)$	$t=\dfrac{\overline{X}-\overline{Y}-\mu_0}{S_w\sqrt{\dfrac{1}{n_1}+\dfrac{1}{n_2}}}$	$t(n_1+n_2-1)$
		$\mu_1-\mu_2\leqslant\mu_0$	$\mu_1-\mu_2>\mu_0$	$t\geqslant t_{\frac{\alpha}{2}}(n-1)$		
		$\mu_1-\mu_2\geqslant\mu_0$	$\mu_1-\mu_2<\mu_0$	$t\leqslant -t_{\frac{\alpha}{2}}(n-1)$		

4. 正态总体方差的假设检验

检验参数	情形	假设		拒绝域	检验统计量	H_0 为真时检验统计量的分布
		H_0	H_1			
σ^2	μ 已知	$\sigma^2=\sigma_0^2$	$\sigma^2\neq\sigma_0^2$	$\chi^2\geqslant\chi^2_{\frac{\alpha}{2}}(n)$ 或 $\chi^2\leqslant\chi^2_{1-\frac{\alpha}{2}}(n)$	$\chi^2=\dfrac{\sum\limits_{i=1}^{n}(X_i-\mu)^2}{\sigma_0^2}$	$\chi^2(n)$
		$\sigma^2\leqslant\sigma_0^2$	$\sigma^2>\sigma_0^2$	$\chi^2\geqslant\chi^2_\alpha(n)$		
		$\sigma^2\geqslant\sigma_0^2$	$\sigma^2<\sigma_0^2$	$\chi^2\leqslant\chi^2_{1-\alpha}(n)$		
	μ 未知	$\sigma^2=\sigma_0^2$	$\sigma^2\neq\sigma_0^2$	$\chi^2\geqslant\chi^2_{\frac{\alpha}{2}}(n-1)$ 或 $\chi^2\leqslant\chi^2_{1-\frac{\alpha}{2}}(n-1)$	$\chi^2=\dfrac{(n-1)S^2}{\sigma_0^2}$	$\chi^2(n-1)$
		$\sigma^2\leqslant\sigma_0^2$	$\sigma^2>\sigma_0^2$	$\chi^2\geqslant\chi^2_\alpha(n-1)$		
		$\sigma^2\geqslant\sigma_0^2$	$\sigma^2<\sigma_0^2$	$\chi^2\leqslant\chi^2_{1-\alpha}(n-1)$		
$\dfrac{\sigma_1^2}{\sigma_2^2}$	μ_1 已知 μ_2 已知	$\sigma^2=\sigma_0^2$	$\sigma^2\neq\sigma_0^2$	$F\geqslant F_{\frac{\alpha}{2}}(n_1,n_2)$ 或 $F\geqslant F_{1-\frac{\alpha}{2}}(n_1,n_2)$	$F=\dfrac{n_2\sum\limits_{i=1}^{n_1}(X_i-\mu_1)^2}{n_1\sum\limits_{i=1}^{n_2}(Y_i-\mu_2)^2}$	$F(n_1,n_2)$
		$\sigma^2\leqslant\sigma_0^2$	$\sigma^2>\sigma_0^2$	$F\geqslant F_\alpha(n_1,n_2)$		
		$\sigma^2\geqslant\sigma_0^2$	$\sigma^2<\sigma_0^2$	$F\geqslant F_{1-\alpha}(n_1,n_2)$		
	μ_1 未知 μ_2 未知	$\sigma^2=\sigma_0^2$	$\sigma^2\neq\sigma_0^2$	$F\geqslant F_{\frac{\alpha}{2}}(n_1-1,n_2-1)$ 或 $F\geqslant F_{1-\frac{\alpha}{2}}(n_1-1,n_2-1)$	$F=\dfrac{S_1{}^2}{S_2{}^2}$	$F(n_1-1,n_2-1)$
		$\sigma^2\leqslant\sigma_0^2$	$\sigma^2>\sigma_0^2$	$F\geqslant F_\alpha(n_1-1,n_2-2)$		
		$\sigma^2\geqslant\sigma_0^2$	$\sigma^2<\sigma_0^2$	$F\geqslant F_{1-\alpha}(n_1-1,n_2-2)$		

二、典型题型练习

1. 已知某炼铁厂铁水含碳量服从正态分布 $N(4.55, 0.108^2)$，现在测定了9炉铁水，平均含碳量为4.484，如果方差没有变化，可否认为现在生产的铁水平均含碳量仍为4.55？

2. 某产品指标服从正态分布，它的方差 σ 已知为150 h，今从一批产品中随机抽查26个，测得指标的平均值为1 637 h，问在5%的显著性水平下，能否认为这批产品的指标为1 600 h？

3. 测定某溶液中水分,得到10个测定值,经统计$\bar{x}=0.452\%$,$S^2=(0.037\%)^2$,设该溶液中的水分含量$X\sim N(\mu,\sigma^2)$,σ^2与μ未知.试问在显著性水平$\alpha=0.05$下,该溶液水分含量均值μ是否超过0.05%?

4. 从两个教学班各随机选取14名学生进行数学测验,第一教学班与第二教学班的教学成绩都服从正态分布,其方差分别为57和53,14名学生的平均成绩分别为90.9分和92分,在显著性水平$\alpha=0.05$下,分析两个教学班教学测验成绩有无明显差异.

三、能力提升

1. 设总体 X 服从正态分布 $N(\mu,\sigma^2)$，$X_1,X_2,\cdots,X_n$ 是来自总体 X 的简单随机样本，据此样本检验：$H_0:\mu=\mu_0$，$H_1:\mu\neq\mu_0$，则(　　).

A. 如果在检验水平 $\alpha=0.05$ 下拒绝 H_0，那么在检验水平 $\alpha=0.01$ 下必拒绝 H_0

B. 如果在检验水平 $\alpha=0.05$ 下拒绝 H_0，那么在检验水平 $\alpha=0.01$ 下必接受 H_0

C. 如果在检验水平 $\alpha=0.05$ 下接受 H_0，那么在检验水平 $\alpha=0.01$ 下必拒绝 H_0

D. 如果在检验水平 $\alpha=0.05$ 下接受 H_0，那么在检验水平 $\alpha=0.01$ 下必接受 H_0

2. 一计算机程序用来产生在区间(0,10)均匀分布的随机变量的简单随机样本值，即产生区间(0,10)上的随机数，以下是相继得到的250个数据的分布情况.

数据区间	(0,1.99)	(2,3.99)	(4,5.99)	(6,7.99)	(8,10)
频数	38	35	54	41	62

试取显著水平 $\alpha=0.05$，检验这些数据是否来自均匀分布 $U(0,10)$ 的总体，即检验这一程序是否符合要求.

3. 检查了一本书的100页,记录各页中印刷错误的个数,结果如下表所示.

错误个数	0	1	2	3	4	5	6
频数	14	27	26	20	7	3	3

问能否认为一页的印刷错误个数服从泊松分布($\alpha=0.05$)?

四、综合练习

1. 已知总体 X 的概率密度只有两种可能

$$H_0: f(x)=\begin{cases}\frac{1}{2}, 0\leqslant x\leqslant 2\\ 0, \text{其他}\end{cases}, H_1: f(x)=\begin{cases}\frac{x}{2}, 0\leqslant x\leqslant 2\\ 0, \text{其他}\end{cases}.$$

对 X 进行一次观测,得样本 X_1,规定 $X_1\geqslant\frac{3}{2}$ 时拒绝 H_0,否则就接受 H_0,则此检验犯第一类错误的概率为________,犯第二类错误的概率为________.

2. 按环境保护条例,在排放的工业废水中,某有害物质含量不得超过0.05%. 现在取5份水样,测定该有害物质含量,得如下数据:

0.0530%　　0.0542%　　0.0510%　　0.0495%　　0.0510%

能否据此抽样结果说明有害物质含量超过了规定？($\alpha=0.05$)

五、考研试题精选

(1998,数一)设某次考试的学生成绩服从正态分布,从中随机地抽取36位考生的成绩,算得平均成绩为66.5分,标准差为15分,问在显著性水平为0.05时,是否可以认为这次考试全体考生的平均成绩为70分？给出检验过程.

参考文献

[1] 盛骤,谢式千,潘承毅. 概率论与数理统计[M]. 5版. 北京:高等教育出版社,2020.

[2] 张天德,叶宏. 概率论与数理统计[M]. 北京:人民邮电出版社,2020.

[3] 电子科技大学成都学院基础数学教研室. 大学数学练习册——概率统计与数学模型[M]. 重庆:重庆大学出版社,2017.